安徽省中等职业教育"十四五"规划教材建设立项项目

安全教育

主　编	王　丽	程　颖	陶圣祥
副主编	周福松	李玉刚	胡智波
参　编	张　影	蔡　俊	郗兆玉
	曹廷杰	张　纯	樊学侠

北京理工大学出版社
BEIJING INSTITUTE OF TECHNOLOGY PRESS

版权专有　侵权必究

图书在版编目(CIP)数据

安全教育 / 王丽, 程颖, 陶圣祥主编. -- 北京：北京理工大学出版社, 2024.8（2025.8 重印）.
ISBN 978-7-5763-4608-4

Ⅰ. X925

中国国家版本馆 CIP 数据核字第 202457QE92 号

责任编辑：龙　微	文案编辑：邓　洁
责任校对：刘亚男	责任印制：施胜娟

出版发行 / 北京理工大学出版社有限责任公司
社　　址 / 北京市丰台区四合庄路 6 号
邮　　编 / 100070
电　　话 /（010）68914026（教材售后服务热线）
　　　　　（010）63726648（课件资源服务热线）
网　　址 / http://www.bitpress.com.cn

版 印 次 / 2025 年 8 月第 1 版第 3 次印刷
印　　刷 / 定州市新华印刷有限公司
开　　本 / 889 mm×1194 mm　1/16
印　　张 / 11
字　　数 / 214 千字
定　　价 / 33.00 元

图书出现印装质量问题，请拨打售后服务热线，负责调换

前言

本书以习近平新时代中国特色社会主义思想为指导，贯彻落实党的二十大精神。党的二十大报告中指出："国家安全是民族复兴的根基，社会稳定是国家强盛的前提。"现今，不可抗拒的自然灾害、不可预见的重大事故等诸多危险因素无不对人的生命构成威胁，生活中存在许多安全隐患，这些隐患往往因为人们熟视无睹而随时会威胁人们的身体健康，因此对中职生实施安全教育，刻不容缓。

青年是祖国的未来、民族的希望。青年学生步入学校后，身、心、智、能各个方面都已进入迅速成长和发展阶段，但由于他们尚未进入社会，安全意识相对薄弱，自我防范意识欠缺，以致在遇到安全问题时不知所措，个人、群体的人身安全易受到侵害，从而造成难以挽回的损失。生命财产安全既是学校师生关切的大事，也是各级教育主管部门和学校的政治责任。

《中小学公共安全教育指导纲要》指出，通过开展公共安全教育，培养学生的社会安全责任感，使学生逐步形成安全意识，掌握必要的安全行为的知识和技能，了解相关的法律法规常识，养成在日常生活和突发安全事件中正确应对的习惯，最大限度地预防安全事故发生和减少安全事件对中小学生造成的伤害，保障中小学生健康成长。

作为教育者，我们有义务采取多种形式的教育举措，进一步推进学生的安全教育工作，不断增强学生的安全防范意识和避险自救能力，为学生的成长、成才提供保障。因为安全是个体生存发展的基本需求，是建设平安校园的必要条件，是社会和谐稳定的坚实基础。职业学校做好安全教育工作是全面实施素质教育的重要内容，是培养学生良好职业素养和职业能力的重要环节。

为此，我们组织具有丰富教育教学和学生管理经验的教育工作者以及相关企业人员共同编写了本书。本书的编写体现了学校对新时期安全教育工作的高度重视，增强了教师对安全教育工作的责任感和使命感，推动教师全面树立安全意识、掌握

安全知识、增强安全技能。全书依据国务院及相关部门颁布的相关安全法律法规和全国职教工作精神，紧密结合职业学校实际，针对职业院校学生特点，本着"够用、适用"的原则，通过查阅并参考大量安全教育相关资料，广泛汲取兄弟学校、行业企业等的意见和建议编写而成。

本书全面系统地介绍了职业学校安全教育相关内容，体现了以下特点：

1. 体系完整，思政巧妙融入。 信息量丰富，可读性和实践性较强，在培养学生安全意识的前提下，设置"导语"模块，旨在培育学生的社会责任感和价值观。本书内容循序渐进，符合学生认知规律，充分体现了职业教育特性。

2. 案例源于生活，求新求实。 每一个模块通过典型案例引导学生掌握与安全相关的知识点，可以引发学生学习的兴趣，并在案例之后辅以总结案例，帮助学生强化对知识的理解。

3. 开拓思维，提高应用能力。 各个单元中"延伸阅读"的内容，为有兴趣深入学习的读者提供相关资源，内容深度适宜，语言通俗易懂，实用性和针对性较强，帮助学生加深理解，提高实际应用能力。

本书由皖西经济技术学校王丽、滁州市旅游商贸学校程颖、马鞍山理工学校陶圣祥主编，天长市工业学校周福松、宣城市工业学校李玉刚、安徽工程技术学校胡智波担任副主编，杭州市萧山区第二中等职业学校张影、凤台县职业教育中心蔡俊、滁州市旅游商贸学校郗兆玉、皖西经济技术学校曹廷杰、滁州市旅游商贸学校张纯、霍邱县第一人民医院樊学侠参编。

通过本书，学生能够学习到交通安全、网络安全、心理健康等多方面的安全知识，增强自我保护意识和能力，有效预防和减少各类安全事故的发生，确保学生的生命安全，为其健康成长奠定下坚实的基础。

本书在编写过程中，搜集了大量的资料，参阅了国内外多位专家、学者关于安全教育方面的著作或译著，也参考了同行的相关教材和网络案例资料，在此对他们表示诚挚的谢意！

时代的发展日新月异，由于作者的水平有限，书中疏漏和不妥之处在所难免，恳请广大读者批评指正。

编　者

Contents 目录

模块一 国家安全 — 1
- 单元一 国家安全概述 — 2
- 单元二 维护国家安全 — 8

模块二 校园安全 — 17
- 单元一 预防运动意外 — 18
- 单元二 预防校园踩踏 — 23
- 单元三 预防校园偷盗 — 26
- 单元四 预防校园欺凌 — 31
- 单元五 预防校园诈骗 — 34

模块三 社会安全 — 39
- 单元一 交通安全 — 40
- 单元二 消防安全 — 49
- 单元三 预防溺水 — 62
- 单元四 防范性侵害 — 66

模块四 公共卫生 — 73
- 单元一 健康饮食 — 74
- 单元二 拒绝烟酒 — 79
- 单元三 远离毒品 — 83
- 单元四 预防艾滋病 — 88
- 单元五 处理突发疾病 — 92

模块五　心理安全　97

　　单元一　调整心理健康　98
　　单元二　对待情感挫折　106
　　单元三　应对家庭变故　112

模块六　网络安全　117

　　单元一　网络成瘾　118
　　单元二　网络谣言　121
　　单元三　网络诈骗　125

模块七　实训实习安全　131

　　单元一　警惕勤工俭学陷阱　132
　　单元二　遵守顶岗实习规程　136
　　单元三　签约求职择业　139

模块八　自然灾害　145

　　单元一　应对地震　146
　　单元二　应对暴雨与雷电　151
　　单元三　应对台风与大风　156
　　单元四　应对洪水与泥石流　159
　　单元五　应对沙尘与雾霾　163

参考文献　169

国家安全　模块一

学习目标

（1）掌握与国家安全有关的知识。

（2）知晓如何维护国家安全。

（3）培养爱国主义精神，成为有担当、有责任感的公民，能够积极参与国家安全教育和宣传活动。

导　语

天下之本在国，国之本在家，家之本在身。

——孟子

案例引入

小张是××中职学校的学生，课余时间喜欢研究军事、政治方面的新闻。有一天，小张上网时发现，他所在的"军事爱好者群"有陌生人员主动与其联系，添加联系人后，对方问了他学习的专业、兴趣爱好、家庭关系、社会交往等信息。对方自称是"某研究中心研究员"，希望能够获得小张的帮助，完成相关领域的研究。

在来往数封邮件和多次聊天之后，小张发现对方的最终目的是要自己根据其指令搜集我国的军事信息，兼职即可获得高额报酬。

"在聊天的时候，对方总是把'军'写成'君'或'均'，'武警'写成'wj'，并说有些字眼太敏感，不方便写明白；还有，既然是民间组织，为何频频打探军事信息？我怀疑对方不是什么研究员，可能是境外间谍情报机关人员。"小张说。随后，他第一时间拨打国家安全机关举报电话12339，并到国家安全机关反映自己掌握的情况。

根据线索调查，国家安全机关干警周密部署，快速查证，查明和小张联系的"××研究中心王研究员"的真实身份为境外间谍情报机关人员。

国家安全机关也对小张不为金钱蒙蔽利诱，主动协助国家安全机关工作的行为予以了高度肯定，并按照相关规定给予其奖励。

总结案例：

这名学生的行为无疑是非常值得赞扬的。在面对危害国家安全的行为时，他／她表现出了高度的警觉性和责任感，不仅擦亮双眼识别出了这些不法行为，更是勇敢地站出来积极举报。

这种行为不仅体现了对国家的忠诚和热爱，更是对法治社会的坚定维护，正如古人所言："天下兴亡，匹夫有责。"在这个信息时代，我们每个人都是国家安全的守护者，都应该时刻保持警惕，为国家的安定和谐贡献自己的力量。

同时，我们也要认识到危害国家安全的行为是极其严重的违法行为，不仅会对人民的生命财产安全造成危害，更会对国家的安全稳定造成威胁。因此，我们每个人都应该像小张一样，时刻保持警惕，发现可疑情况及时举报，共同维护国家的安全稳定。

此外，我们也要向这位学生学习，不仅要关注自身的安全和发展，更要关注国家和社会的整体利益。通过自身的努力和实际行动，为国家和社会的发展贡献自己的力量，共同创造一个更加美好、和谐、安全的未来。

最后，让我们再次为这位学生的勇敢和担当点赞，也呼吁更多的人加入维护国家安全的行列中来，共同守护我们的家园。

单元一　国家安全概述

学生是家庭与社会共同的期望，是民族进步和国家未来的关键。学生在思想政治、道德品格、文化科学和健康素质方面的发展，对民族的持续进步具有根本影响。因此，系统地加强对学生国家安全方面的教育，增强其法律意识和提高其自我保护技能显得尤为重要。通过对国家安全知识的深入学习，学生不仅能够增强个人的安全意识，更能够形成正确和全面的国家安全观念，这对于确保国家的长期稳定与安全具有至关重要的战略意义。

一、总体国家安全观

总体国家安全观是一个多元、包容、逐步发展的思想体系，其核心理念可概括为五大要素和五对关系。五大要素包括：以人民安全为宗旨，以政治安全为根本，以经济安全为基础，以军事、科技、文化和社会安全为保障，并依托于促进国际安全。五对关系则强调了发展与安全的并重，外部与内部安全的重视，国土与国民安全的均衡，传统与非传统安全的关注，以及个体安全与共同安全的协调。深入理解这五大要素和五对关系，是把握总体国家安全观的关键。

在我国，国家安全的领域非常广泛，涵盖政治、国土、军事、经济、文化、社会、科技、网络、生态、资源、核、海外利益、生物、太空、极地及深海安全等多个方面，如图1-1所示。

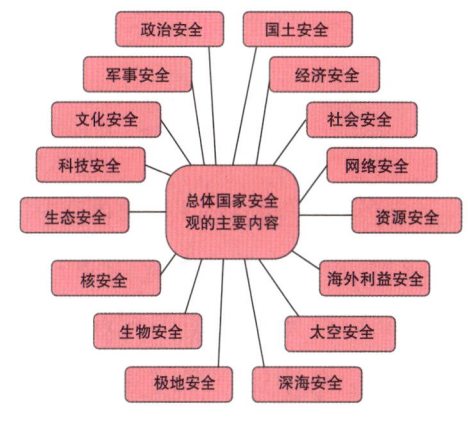

图1-1 总体国家安全观的主要内容

二、危害国家安全的行为

根据《中华人民共和国国家安全法》，危害国家安全的行为涉及多个层面，具体包括：

（1）颠覆与分裂行为：阴谋颠覆政府，分裂国家，推翻社会主义制度。

（2）间谍活动：参与间谍组织或接受间谍组织及其代理人的任务。

（3）泄露国家秘密：窃取、刺探、收买或非法提供国家秘密。

（4）策反国家工作人员：策动、勾引、收买国家工作人员叛变。

（5）其他破坏活动：进行其他危害国家安全的破坏活动。

①组织、策划或实施危害国家安全的恐怖活动；

②捏造、歪曲事实，发表、散布危害国家安全的文字或言论，制作、传播相关音像制品；

③利用社会团体或企业、事业组织进行危害国家安全的活动；

④利用宗教进行危害国家安全的活动；

⑤制造民族纠纷，煽动民族分裂，危害国家安全；

⑥境外个人违反规定，不听劝阻，擅自会见境内有危害国家安全行为或有重大嫌疑的人员。

三、国家安全的种类

根据总体国家安全观，国家安全体系涉及政治、军事、经济、科技、资源、文化、社会、国土、网络、生态、核、海外利益、太空、深海、极地、生物等多个领域安全。

（一）政治安全

政治安全的核心在于保障国家体制和政局的稳定，防止外部势力的破坏和颠覆。在全球化和国际政治力量变动的背景下，外部对我国政治体系和发展模式的影响不断增加，同时伴随着对中国崛起的复杂心态。尽管国际社会对中国发展成为强国的怀疑正在减少，但对中国带来的潜在影响仍存有顾虑。传统国际政治理论和历史经验表明，经济强国往往伴随着军事和政治影响力的扩展，这对维护国家的政治安全构成挑战。

（二）军事安全

军事安全关注保护国家的领土完整和主权统一，防御外来侵略和分裂势力。现代军事战略强调的是高效率和精确性，涵盖了"透明监控""快速行动""精确打击"和"广泛控制"的战略要素。这意味着通过技术和策略的高度整合，实现对战场的有效控制，并将军事行动的附带损害最小化。中国军队面对新型战争的挑战，需制定与国家情况相适应的战略方针，以确保在全球化和技术进步的大背景下，有效应对各种安全威胁。

（三）经济安全

经济安全是关乎国家长期稳定和发展的重要方面，包括维护国家经济的持续增长和保护经济利益不受外界干扰与破坏。在全球化的今天，经济与政治的相互影响日益加深，经济活动与政治动机常常交织在一起，这就造成经济安全的复杂性。因此，确保经济活动不被外部政治因素影响，对国家的经济自主性和稳定性至关重要。

（四）科技安全

科技安全涉及保护国家科技发展的利益和成就不受侵犯，尤其在信息化迅速发展的当下，信息安全成为核心内容。信息安全直接关系到国家安全和社会稳定，需构建完善的国家信息安全战略。信息安全问题不仅对国内信息化进程构成挑战，也影响国际的政治和经济关系，因此加强信息技术的安全防护和国际合作是保障科技安全的关键。

（五）资源安全

资源安全策略需要在全球经济环境下考虑，通过国内资源的优化配置和国际合作来维护资源供应的稳定性。实施资源安全战略包括减缓资源耗竭速度、维护生态平衡及功能，并在国际上促进地缘政治环境的稳定，利用全球资源支持国内需求。此外，建立战略性资源储备是规避全球资源市场波动的有效方法，对确保国家经济的持续健康发展具有重要意义。

（六）文化安全

文化安全涉及保护和促进国家的优秀传统文化及其社会意识形态，确保这些文化价值不受负面影响和腐朽文化的侵蚀。文化是民族精神和智慧的象征，不仅是民族生存和发展的基础，也是国家未来可持续发展的关键元素。维护文化安全意味着保持文化的纯正和活力，确保文化遗产能够传承并创新，从而支撑民族的振兴和国家的全面发展。

（七）社会安全

社会安全关注保护社会的和谐与稳定，确保人们能够在一个安全、有序的环境中生活、工作和生产。这包括防止任何敌对力量或分子通过暴力、破坏活动或社会动乱来破坏社会稳定。同时，社会安全也包括教育与引导人们克服落后的观念和行为，促进社会正义和进步，以提高国民的整体福祉和社会的整体效能。

（八）国土安全

国土安全关键在于保护国家的领土完整、统一，以及海洋和边疆边境的安全。这涉及领土、自然资源、基础设施等多个方面。国土安全不仅是国家的基础，也是传统安全关注的核心，确保国家免受外部侵犯和威胁。

（九）网络安全

在全球信息化网络时代，互联网使网络空间成为人类活动的新领域，与陆地、海洋、天空、太空同等重要。网络安全面临众多挑战，包括侵犯个人隐私、侵犯知识产权、网络犯罪等问题，同时还有网络监听、攻击和网络恐怖主义等全球性问题。网络安全已成为我国面临的一项复杂且紧迫的非传统安全挑战。

（十）生态安全

生态安全关乎维持国家生态系统的完整和稳定，并确保在面对重大生态问题时拥有有效的处理能力。这对国民福祉、经济的持续发展和社会长期稳定具有直接影响。作为国家安全体系的关键部分，生态安全需要通过严格的环保政策、可持续的资源管理和灾害预防措施来保护自然环境，确保未来几代人的生活质量和安全。

（十一）核安全

核安全的重要性在于防止核能源的风险和威胁，包括核攻击、核事故和核犯罪。这需要国家采取全面措施来确保核不扩散、核设施和核材料的安全，并防止恐怖主义和其他非法行为者获取核材料。此外，加强国际合作和遵守国际核安全标准是确保核安全的关键。

（十二）海外利益安全

随着我国对外开放的加深，特别是"一带一路"倡议的推进，海外利益安全变得日益重要。这包括保护海外能源资源、战略通道以及我国公民和企业的安全。通过海上护航、紧急撤离和其他应急响应措施来维护这些利益是确保国家整体发展和安全的必要手段。

（十三）太空安全、深海安全、极地安全、生物安全等新型领域安全

太空安全、深海安全、极地安全和生物安全等新型领域安全，关系国家的战略新边界和重大利益。这些领域的安全威胁和挑战多种多样，涉及人员安全、科学研究和资源开发。我国已经通过加入相关国际公约并认真履行其义务来应对这些挑战，同时，还需通过法律明确这些公约给予的权利和保护措施，确保国内相关活动和资产的安全。

在上述安全领域，核心是政治安全。只有政治是安全的，才能有效地谋求和构建其他领域的安全。

延伸阅读

公民和组织在维护国家安全中的义务有哪些？

（1）遵守宪法、法律法规关于国家安全的有关规定；

（2）及时报告危害国家安全活动的线索；

（3）如实提供所知悉的涉及危害国家安全活动的证据；

（4）为国家安全工作提供便利条件或者其他协助；

（5）向国家安全机关、公安机关和有关军事机关提供必要的支持和协助；

（6）保守所知悉的国家秘密；

（7）法律、行政法规规定的其他义务。

任何个人和组织不得有危害国家安全的行为，不得向危害国家安全的个人或者组织提供任何资助或者协助。

与国家安全密切相关的法律法规有哪些？

《中华人民共和国宪法》《中华人民共和国刑法》《中华人民共和国国家安全法》《中华人民共和国反间谍法》《中华人民共和国反恐怖主义法》《中华人民共和国境外非政府组织境内活动管理法》《中华人民共和国网络安全法》《中华人民共和国国家情报法》《中华人民共和国核安全法》《反分裂国家法》……

发现危害国家安全的犯罪行为如何举报？

（1）电话举报：拨打全国统一的举报受理电话：12339（图1-2）。

（2）线上举报：www.12339.gov.cn。

（3）当面举报：前往当地国家安全机关直接进行举报。

（4）信函举报：可以通过向国家安全机关投递信函的方式进行举报。

国家安全机关为举报人严格保密，经查证属实的，根据其重要程度给予举报人奖励。对故意捏造、谎报以及诬告陷害他人，造成不良后果的，依法追究其法律责任。

图1-2 国家安全举报受理电话

单元二　维护国家安全

维护国家安全是每个公民的基本职责，通过国家安全教育，可以引导学生深入理解和准确掌握总体国家安全观；可以使学生树立国家利益至上的观念，增强他们自觉维护国家安全的意识，并具备相关的能力。学生在学习中不仅可以全面了解国家安全的各个领域及其相互关系，还能认识到国家安全在国家发展中的重要角色，树立应对危机的意识，增强维护国家安全的责任感。作为当代学生，应从自我做起，从现在开始，从身边的小事做起，共同努力维护国家安全。此外，学生还应积极维护学校的良好学习和生活环境，保证校园稳定。

一、如何维护国家安全

为了维护国家安全和校园稳定，学生应采取以下措施。

1. 积极反馈意见

通过合适的渠道向学校反映意见和需求，例如通过班级干部将意见传达给辅导员和院系领导，或直接与学校相关部门的教师联系以解决紧迫问题。

2. 应对不利事件

在遇到可能影响学校稳定的事件时，保持冷静和理性，正确判断情况，并帮助同学或朋友分析利弊，提出建议。遇到破坏稳定的行为时，在确保自身安全的情况下，要勇敢地进行抵制，并避免传播未经证实的信息。

3. 坚持国家利益至上

始终将国家利益置于首位，认识到国家安全是国家和民族生存与发展的基础。维护国家安全也是表现爱国主义精神的重要方式。

4. 保守国家秘密

正确对待国家秘密，不受诱惑去窃取或泄露政治、经济、文化、军事、科技、资源等秘密，以免走上违法犯罪的道路。

5. 举报分裂和窃密行为

对试图分裂国家或窃取国家机密的行为及时进行举报和斗争，确保这些行为不会得逞。

6. 配合国家安全机关

在国家安全机关需要协助时，依照《中华人民共和国国家安全法》的要求提供帮助，如实提供信息和证据，避免阻碍国家安全机关执行公务。

（一）反对恐怖主义，维护国家安全

恐怖主义是指对非武装人员有组织地使用暴力或以暴力相威胁，通过将一定的对象置于恐怖之中，来达到某种政治目的的行为。国际社会中某些组织或个人采取绑架、暗杀、爆炸、空中劫持、扣押人质等恐怖手段，企图实现其政治目标或使某项具体要求得以满足的主张和行动。恐怖主义事件主要是由极左翼和极右翼的恐怖主义团体，以及极端民族主义、种族主义的组织和派别所组织策划的。

1. 学生如何反对恐怖主义？

（1）避免宣扬恐怖主义和极端主义：不进行恐怖活动或极端主义活动的宣扬和煽动。

（2）禁止相关物品的制作与传播：不制作、传播或非法持有任何宣扬恐怖主义、极端主义的物品。

（3）不穿戴或使用相关服饰和标志：避免穿戴或使用任何宣扬恐怖主义、极端主义的服饰和标志。

（4）不提供支持或协助：不为恐怖主义或极端主义活动提供信息、资金、物资、劳务、技术或场所等任何形式的支持、协助或便利。

（5）维护和谐交往：不通过恐吓或骚扰的方式干涉他人与不同民族或信仰人员的正常交往。

（6）配合国家机关：不阻碍国家机关工作人员依法执行职务。

（7）尊重国家政策和法律：不歪曲或诋毁国家政策、法律及行政法规，不煽动或教唆他人抵制政府的法律管理。

（8）保护法定证件：不煽动或胁迫他人损毁或故意损毁居民身份证、户口簿等国家法定证件及人民币。

（9）禁止利用极端主义破坏法律制度：不从事任何利用极端主义破坏国家法律制度的行为。

2. 学生如何防范恐怖袭击？

（1）发现疑似恐怖分子，保持镇静，判别自身面临的危险程度，快速撤离危险区域或就地掩蔽。

（2）迅速报警。直接拨打"110"报警，反映可疑情况。

（3）牢记特征。在确保自身安全的情况下，尽可能记住嫌疑人及与其交往人员的体貌特征。

（4）遭遇恐怖袭击时，如果看到有人拿着刀在校园周边或冲进校园砍人，应快速跑开，不围观、不停留、不回头；如跑不掉要利用身边的物体反击。

（5）遇到横冲直撞的可疑车辆时，要马上向车的两侧跑开，寻找建筑或树木等坚固物体藏起来。

（6）在校园内或学校周边看到没有主人的包裹、汽油桶等可疑物时，不要随意碰触挪动，这有可能是会爆炸的危险物品，要立即告诉老师或者保安；万一发生爆炸，应当迅速趴下，爆炸结束后捂住口鼻，有秩序撤离。

（7）如果不幸被恐怖分子劫持成为人质，要相信警察一定会来救你，保持冷静，不哭不闹，服从劫持者，以免因为哭闹惹怒劫持者而使其做出伤害你的事情。在耐心等待救援的同时，注意观察劫持者的体貌特征，安全后可以给警察提供更多的线索。如果警察发起突袭，要尽量趴在地上，配合解救。

（二）坚决抵制非法宗教迷信，维护国家安全

当前社会，非法宗教组织因利用迷信邪说蛊惑人心、危害社会稳定而被严格防范。学生群体由于心智尚不成熟，好奇心较强，对事物缺乏分辨力很容易成为这类组织的目标。因此，加强对非法宗教组织的警觉性和抵制力是非常必要的。以下是一些具体的防范措施：

（1）强化科学教育。通过学习和掌握科学知识，增强自我保护能力，充实思想，避免被迷信思想和非法宗教影响。

（2）积极参与社会活动。通过参加有益的社会和学校活动，保持正面的生活态度和健康的人际关系。

（3）谨慎参与校外活动。在参加校外社团或组织时，需要进行充分的了解，防止被非法宗教组织或其他不良分子利用。

（4）提高网络警觉性。对网络上的各种信息保持警觉，特别是对那些宣扬迷信或似是而非的宗教信息，以免受到非法宗教的影响。

（5）树立正确的世界观和价值观。培养辨识真正宗教与非法宗教的能力，了解真正宗教与非法宗教的本质区别。

（6）责任意识。一旦发现非法宗教活动，应立即向学校管理层或相关部门报告，履行社会责任。

（7）防范宗教渗透。对内外反动宗教组织的潜在渗透保持警觉，坚定个人的信仰和立场。

（8）倡导科学精神。积极推广科学精神，与封建迷信和邪教思想作斗争，促进个人和社会的健康发展。

二、学生应树立安全意识

随着现代社会向开放和互联的方向发展，学校已不再是孤立的学习场所，而是成为社会结构中的一个活跃分子。这一转变虽然使学校的文化和信息更丰富，但也带来了一系列安全问题，直接关系学生的学业、身心健康和家庭幸福。为此，强化学生的安全教育和自我保护意识变得格外关键。学生需接受全面的安全教育，提高对潜在风险的认知能力和处理能力，确保自身及家庭的安全，以实现在复杂社会环境中的稳健成长[1]。

（一）遵纪守法和文明修身的意识

在当前复杂多变的社会环境中，学生建立全面的安全意识至关重要。构建安全意识的核心是进行深入的法律教育，学生不仅要学习和理解法律，更要学会在实际生活中合理运用法律知识，以此来保护自身免受不法侵害，并在遭遇安全威胁时能够依法自保。同时，提升道德素质也是构建安全意识的重要一环，它要求学生在日常生活中恪守道德规范，这不仅有助于提升个人品行，也有助于预防由不良行为引起的安全问题。

（二）认知安全形势的意识

在当前社会安全形势整体较为稳定的情况下，校园仍然保持着较高的安全标准。然而，由于经济发展的加速和社会的持续变革，学生所在的安全环境也随之发生了显著变化，带来了不少新的安全挑战。因此，学生需要对这些新兴的安全形势有深刻的理解和准确的认识，这是他们自我保护的重要前提。同时，这也要求社会各界提升对教育环境

---

[1] 魏子钫，蒋赛飞，岳芩. 中职生安全与心理健康教育（活页）[M]. 西安：西安交通大学出版社，2022.

变化的关注度，强化安全监管措施，确保学生能在一个更加安全的环境中学习和生活。

（三）树立自我防范的意识

学生要树立自我防范意识，对安全隐患要有心理准备，做好自我保护，尽量避免不安全因素对自身的伤害。

（四）增强爱国主义观念

爱国主义是维护国家利益的基石。每个中国公民的言行都代表着国家形象和个人尊严。无论面对多么复杂的国际环境，都应以国家利益为最高准则，坚持爱国立场。许多中国人在海外面对诱惑和挑战时，选择坚守原则，拒绝金钱和物质的诱惑，体现了对祖国深厚的爱。这种爱国行为不仅增强了国家的凝聚力，也提升了国家的国际形象。

（五）保持警惕，把握原则

在当前复杂的国际环境中，保持高度警觉和明确界限是保护国家安全的重要措施。公民在日常交流中，尤其是在与外国朋友和家人通信、打电话或面对面交谈时，应避免讨论任何国家机密或敏感的内部事务。在内部讨论敏感或重要问题时，必须注意选择安全的场合，防止信息泄露，保护国家利益不受威胁。

（六）努力熟悉有关国家安全的法律、法规

涉及国家安全和保密工作的法律、法规数量超过一百种。公民应努力学习这些法律法规，明确自己的法律权利和义务，以及哪些行为是被允许的，哪些行为是被禁止的。面对法律边界模糊的问题，应保持学习的态度，积极询问专业意见，并谨慎行动。

（七）善于识别各种伪装

尽管国家安全法律体系完善，但间谍或情报人员可能通过各种手段利用这些法律的漏洞开展活动，如套取国家秘密和内部信息。因此，公民需要提高警惕，学会识别各种伪装和诡计，防止被欺骗或无意中触犯法律。

（八）积极配合国家安全机关的工作

国家安全机关负责与国家安全相关的调查和审理工作，与公安机关具有同等的法律地位。当国家安全机关的工作人员在合法表明身份和目的后请求协助时，公民应积极配合《中华人民共和国国家安全法》中规定的义务，提供必要的帮助和信息。同时，应避

免以任何形式妨碍公务的正常执行，并严格保密在合作过程中知悉的国家安全信息。

（九）面对突发事件的应变意识

事故和突发事件常常是不可预测的，因此学生必须培养面对突发情况的应变意识。这种意识的培养可以帮助学生在紧急情况下迅速做出判断，并采取有效措施，以最大限度地保护自己和他人的安全，避免因恐慌或缺乏应对能力而错失逃生或减少损失的机会。因此，学校和家庭应共同努力，通过实际演练和知识教育，加强学生的应急反应能力和知识储备。

（十）培养自我调节能力的意识

学生在成长过程中经常会遇到各种挫折和困难，这些都是成长的一部分。为了健康成长，学生需要培养积极的心理调节能力，做好面对挫折的心理准备。这包括树立正确的人生观和价值观、学会负责任地处理问题、能够分析困难并寻找解决方案。同时，学生还需要培养强大的心理承受力和保持健康的心理状态，通过自我调节来管理和克服心理障碍，防止情绪极端化。学校应提供心理健康教育和支持，帮助学生学会如何有效地调节自己的情绪和行为。

三、维护国家安全是学生的职责

学生应深刻理解维护国家安全的重要性，从而积极维护国家安全。下面是维护国家安全详细的观点和行动指南：

1. 意识形态的差异和挑战

作为一个社会主义国家，我国在意识形态上与西方国家存在显著差异，这些差异经常导致在多个问题上的分歧，从而可能引来不实的国际评价和误解。因此，学生需要深入理解这些差异，并准备好面对和澄清这些误解。

2. 对抗"中国威胁论"

随着中国经济的快速发展和国际地位的提升，一些国家出于战略考虑提出了"中国威胁论"。学生应认识到这种论调背后的动机，并学会如何正确回应这种国际舆论的挑战。

3. 科技发展与安全挑战

科技的迅速发展，尤其是网络和电子信息技术的广泛应用，为国家安全带来了新的挑战。学生应增强网络安全意识，防止技术被用于危害国家安全的活动。

4. 增强国家安全意识

一些学生可能由于缺乏经验，国家安全意识相对较弱，易受西方享乐主义和拜金主义的影响。学生需要在日常学习和生活中，不断增强国家安全意识，抵制不良思想的侵蚀。

5. 正确引导思想

学生思想活跃，如果缺乏正确的思想引导可能会受到不良思想的影响。学校和教师应承担起引导学生正确理解和思考国家安全的责任。

6. 全面理解国家安全

国家安全不仅限于传统的军事和领土问题，还包括政治、经济、文化、科技等多个方面。学生应全面理解这些内容，以更加成熟和全面的视角参与到国家安全的维护中。

7. 国家安全与个人责任

许多学生可能误认为国家安全是国家机关的事情，与个人无关。这是一个严重的误解。根据《中华人民共和国宪法》和《中华人民共和国国家安全法》，维护国家安全是每个公民的义务和权利。学生应以国家主人翁的姿态，积极履行这一职责。

8. 警惕和平环境下的安全隐患

和平环境可能使学生对安全威胁产生麻痹思想，认为"和平时期无间谍活动"，这种想法极为危险。学生应保持警惕，不为任何形式的诱惑所动摇，坚守国家利益和个人道德。

陈×是一名中职学校的在校学生，通过一个聊天应用程序认识了名为"涵"的境外人员。即便知道对方是外国人，陈×出于获取金钱的目的，于2023年3—7月违规进入军事基地并记录了相关的军事装备和部队位置信息。他将这些敏感信息通过社交媒体传递给"涵"，作为交换，他接受了总计超过一万元的现金及一些实物好处，如鱼竿和手表。经过审查，陈×所泄露的信息中包括秘密级和机密级的军事资料。这一行为对国家安全构成了严重威胁，因此，陈×被判处六年有期徒刑，剥夺政治权利两年，并处罚金一万元。

陈×未能经受住诱惑，多次向境外间谍分子提供我国军事机密，这是触犯我国法律法规的犯罪行为。他本可以拥有光明的前程，但现在等待他的只有牢狱之灾。陈×的案例告诫我们，中职生一定要警惕社交网络上的陌生人，一旦发现有可疑分子妄图以金钱为诱饵获取国家机密，需要立即向有关部门举报。

由此可见，对于学生来说，学习国家安全知识，树立新的国家安全观是非常紧迫和必要的。

延伸阅读

国家安全日，正式名称为全民国家安全教育日，是一个旨在增强全民对国家安全重要性认识的公共教育日。这一节日的设立背景源自2015年7月1日，中华人民共和国第十二届全国人民代表大会常务委员会第十五次会议通过，其中第十四条明确规定了每年的4月15日为全民国家安全教育日。

模块实践

活动与训练

××中职学校开展关于国家安全的实训活动，旨在增强学生的国家安全意识、法治素养和应对能力。

一、活动背景与目的

背景：随着国际形势的复杂多变，国家安全面临着前所未有的挑战。中职生作为国家未来的建设者和接班人，有责任和义务了解并维护国家安全。

目的：通过实训活动，中职生要深刻理解国家安全的重要性，掌握国家安全知识，提升应对国家安全威胁的能力，培养自觉维护国家安全的责任感和使命感。

二、活动时间与地点

时间：建议选择在全民国家安全教育日（4月15日）前后一周内开展，以营造浓厚的国家安全宣传氛围。

地点：班级。

三、活动内容与形式

1. 互动交流

举办国家安全知识竞赛，通过必答、抢答等形式，检验中职生的学习成果，同时增加活动的趣味性和互动性。

2. 法治教育

以小组为单位学习《中华人民共和国国家安全法》《中华人民共和国反间谍法》《中

华人民共和国网络安全法》《中华人民共和国反恐怖主义法》等国家安全相关法律法规，提升中职生的法治素养。通过讲解国家安全领域的典型案例，让中职生了解违反国家安全法律法规的严重后果，增强其法治观念。

3. 总结评估

活动结束后，教师及时总结经验教训，评估活动效果。

通过以上实训活动的开展，中职学校可以有效地提升中职生的国家安全意识和应对能力，为他们未来的职业生涯和社会生活奠定坚实的基础。

探索与思考

（1）什么是国家安全？它主要包括哪些方面的内容？

（2）列举几部与国家安全相关的法律法规，并简述其主要内容。

（3）分析当前国际形势下中国国家安全面临的主要挑战。

（4）阐述政治稳定对国家安全的重要性，并举例说明政治动荡如何威胁国家安全。

校园安全　模块二

学习目标

（1）能够运用所学知识，预防运动意外伤害。
（2）根据掌握的知识，有效预防校园踩踏事故。
（3）能够利用所学知识，防范校园盗窃。
（4）掌握避免校园欺凌的方法。
（5）能够运用所学知识，防范校园欺诈。
（6）培养道德责任感，让校园安全意识和技能成为自己终身受益的素养，在不同的生活场景中都能保障自身和他人的安全。

导语

安全是人类共同的向往，安全是快乐生活的根本。

——佚名

案例引入

2023年9月10日晚，安徽省××学校学生寝室起火，学生逃离现场后求救。随后，当地消防队出动3台消防车，组织16名消防官兵赶到火灾现场，寝室内已经被烟雾完全笼罩，大量浓烟向外扩散，所幸无人员被困和伤亡，消防人员第一时间将火扑灭。据调查，火灾原因是学生使用大功率电器。

读完这个案例，你受到了什么启发？日常生活中应如何预防火灾？与同学讨论后，写出结论。

总结案例：

近年来，我国校园内频繁发生的火灾事故对师生的人身和财产安全造成了严重威胁。古训有云："天有不测风云，人有旦夕祸福。""前事不忘，后事之师。"频发的火灾事故提醒我们：防火责任重于泰山，警钟须常鸣。火灾的暴发性、迅速性和摧毁性极强，常常在瞬间带来巨大的破坏。因此，预防火灾尤为重要，而许多火灾的发生往往是因为我们日常的疏忽。为了加强对火灾预防，我们在宿舍内必须坚持以下"五不"原则：

（1）不使用大功率电器。宿舍内禁止使用电炉子、热得快等大功率电器，以及电热设备、煤气炉、酒精炉和液化炉等。

（2）不乱接电源。避免私自擅改电路或随意乱接电源，这些行为都可能导致电线过载，增加火灾风险。

（3）不在室内燃烧杂物。不在室内烧纸、木材或其他任何杂物，这类行为易造成火势蔓延。

（4）节约用电，随手关灯。合理使用电力资源，未使用的电器及时关闭，尤其是离开房间时，要确保所有电源关闭。

（5）不存放易燃易爆物品。宿舍内不得存放任何易燃易爆物品，如汽油、酒精、喷雾剂等，以免因意外而引起火灾。

运动前准备

单元一　预防运动意外

随着生活水平的提高，人们的物质和精神生活日益丰富。学校为增强学生的体育锻炼意识，不断推广各类体育运动，这些运动不仅促进了学生的身体健康，也丰富了学生的精神世界。然而，体育运动中的安全问题仍不容忽视，尤其是运动损伤和极少数情况下的猝死现象，这些都成为学生体育运动中的潜在风险。为确保学生在体育运动中的安全，学校和体育教师必须采取预防措施。首先，学生进行体育运动应该根据地理环境、体质和健康状况因地制宜，同时还应持之以恒并循序渐进地进行训练，以确保运动的科学性和高效性。此外，进行充分的准备活动是预防运动损伤的关键。这包括但不限于热身运动，这些运动可以有效地预热身体，减少运动过程中的意外伤害。学校还应加强对学生的教育和培训，使他们了解如何正确进行体育运动，认识到安全措施的重要性，并学会在出现紧急情况时正确保护自己。

一、运动伤害的概念

运动伤害是学生在校期间，由于某些偶然突发因素而导致的伤害事件。

二、产生运动意外伤害的原因

（一）自身因素

1. 安全准备的忽视

事故往往发生在缺乏充分准备的情境中。学生如果未检查器械安全、进行适当的热身，或未采取必要的安全措施，就可能在竞争和探索中遭遇意外伤害。

2. 心理压力的影响

在运动中，心理状态的波动，如恐惧、紧张和犹豫，可能导致操作失误，增加受伤风险。

3. 运动教育的缺乏

学生常常因不了解基本的运动规则和应急自救技能而在运动中受伤。

4. 训练方式的不当

不合理的技术动作和训练容易引发伤害。

（二）教师因素

1. 教师责任心问题

教师的责任心不强是导致学生在体育运动中受伤的主要原因之一。这主要表现在教师未能实施有效的保护措施和帮助策略，以及未能认真检查和排除潜在的安全隐患。

2. 教学组织不当

教学组织不当也是学生在体育运动中容易受伤的一个重要因素。这包括未能根据体育教学的基本规律和学生的身心发展特点来组织教学，不按照教学大纲和步骤进行教学，以及未能根据学生的具体情况或当时的气候条件进行适当的准备。

（三）学校因素

1. 体育设施的安全问题

许多学校的体育设施和器材因缺乏及时维护而存在安全隐患。这些设施及器材若未能得到及时的保养和检修，将直接影响学生的安全。管理这些设施的人员如果专业素质不高或责任意识不强，同样可能导致安全问题。

2. 安全教育的不足

尽管实施安全教育和指导是减少运动伤害的关键，然而许多学生却并没有得到足够的安全教育。这种安全意识的缺失使学生在面临风险时缺乏自我保护能力。

三、预防运动意外伤害

（一）衣着安全

为了确保安全参加体育运动，必须遵循着装和装备安全规范：

1. 严禁附加尖锐物品

运动服装不应有胸针、校徽等硬质或尖锐的装饰，以免在运动中被划伤或造成其他身体伤害。此外，服装口袋里也不应装有钥匙、小刀等尖锐物品。

2. 不佩戴易碎装饰

应完全避免佩戴任何可能在剧烈运动中造成伤害的装饰物，如金属或玻璃制品。

3. 视力保护与眼镜使用

近视的学生在参与剧烈运动时应尽量不佩戴眼镜，特别是在进行可能发生碰撞的运动时，必须摘下眼镜以防眼镜破碎。

4. 穿着专业运动鞋

参加体育运动时，应穿着专为运动设计的鞋子，如球鞋或胶底布鞋，以确保鞋子有足够的抓地力，避免滑倒。

（二）体育运动项目安全

体育运动对学生的身心健康具有重要影响，能够显著提升其体能和韧性。然而，与此同时，体育运动中的安全问题也需要得到充分重视，因为参加体育运动有时可能引发一系列严重的健康问题，包括但不限于肌肉拉伤、骨折以及脑部受伤等，极端情况下可能导致永久伤害或致命后果[1]。

1. 跑步

在跑步时，特别是参加短跑比赛时，参赛学生应始终在指定的跑道上跑步，避免在比赛的高潮阶段，尤其是冲刺时随意变换跑道。因为此时参赛者的物理动力和精神集中，稍有不注意就可能摔倒或导致其他参赛者受伤。

2. 跳远

在跳远（图 2-1）过程中，运动员应在专业教练的严格指导下进行。从助跑到起跳的每一个动作都必须精确执行，尤其是确保在起跳时脚能精确地踏在起跳板上，并在跳跃结束时安全落入沙坑，这些都是确保运动安全的关键点。

3. 投掷

投掷类项目需在完全遵循教练指令的环境中进行，特别是在操作重物或具有潜在危险的设备（如标枪）时。正确的

图 2-1 跳远

指令和严格的执行标准可以预防潜在事故的发生。划定安全区域和排除旁观者是必须的，以确保没有无关人员进入比赛区域。

4. 单杠、双杠

在进行如单杠、双杠的体操活动时，必须在设备下方铺设符合安全规范的厚垫，这是防止跌落时受伤的基本要求。为了增加安全性，学生在进行这些活动时应使用一切可用的防滑工具，确保在任何时候手部都能稳固抓握器械，防止因手滑导致的跌落。

（三）预防踝关节损伤

1. 踝关节综合强化训练

通过实施针对性的训练程序，如负重提踵、跳绳等，加强踝关节及其周围肌肉的力量和协调能力，以增强踝关节的整体功能和对复杂运动的适应能力。

2. 系统性落地技巧训练

持续优化踝关节在日常和运动中的动作模式，通过专业指导来提高踝关节控制的准确性和效率，以防止在高风险活动中不当落地。

---

[1] 易新友，罗志，梁庆波. 职业院校安全教育指南[M]. 北京：中国劳动社会保障出版社，2023.

3. 全面的运动前准备

在运动前做好热身和辅助训练，确保踝关节及其支持结构的灵活性和处于准备状态，减少在剧烈运动中的潜在伤害。

4. 自我保护技能提升

培养在运动中自我保护的技巧，特别是在不稳定或有潜在危险的情况下，学会利用身体的自然动作来减轻落地冲击，从而保护踝关节免受伤害。

（四）预防膝关节损伤

1. 全面的运动准备

进行充分的热身运动以优化膝关节的功能，提高体温，并减少肌肉黏滞性，这些都是提升膝关节性能的关键因素。佩戴护具（如护膝）可以额外增强对膝关节的保护。

2. 膝关节特定的力量训练

实施针对膝关节周围肌肉的强化训练，如负重蹲起，可以显著增强膝关节的稳定性和承重能力。

3. 增强自我保护能力

通过提高对自身动作的意识和控制能力，避免采取可能对膝关节造成伤害的行为。学生应学习如何在运动中维持良好的身体平衡和进行动作控制，以防止因不当动作而造成伤害。

延伸阅读

骨折后应如何护理？

如果在运动时不慎发生了骨折，其后期护理措施如下：

1. 补充维生素和蛋白质

骨折患者可多吃一些富含维生素的水果和蔬菜，其对促进骨折部位愈合、缩短恢复时间有一定的帮助；另外，还要适当地多吃一些富含蛋白质的食物，如鸡蛋、鱼肉以及豆制品，其对提高免疫力也有一定的帮助。

2. 避免滥用药物

对于骨折患者来说，疼痛管理是一个必须关注的问题。骨折恢复期间可能会经历不时的疼痛，这时有些患者可能会试图通过自行购买止痛药来减轻疼痛。然而，这种做法可能带来的副作用不仅不利于骨折恢复，甚至可能延长恢复时间。因此，对于骨折患者而言，应该避免未经医生允许私自使用药物，始终遵循医生的建议进行合理的药物治疗。

3.补充水分

有些骨折患者可能会因为行动不便而减少饮水量，试图以此来减少上厕所的次数。这种做法不仅不利于身体健康，还可能增加便秘的风险。缺乏足够的水分摄入，不仅会影响消化系统的正常功能，还可能对泌尿系统和生殖系统造成负面影响。因此，即使行动不便，骨折患者也应该保证充分的水分摄入，以维持身体机能的正常运行。

单元二　预防校园踩踏

校园踩踏事故预防与施救

校园踩踏事故的发生通常与空间有限、人群相对集中的场所有关，如学校、节日、大型活动、聚会等场合。这些事故的发生原因多样，包括前面有人摔倒或因受到惊吓而产生恐慌，以及好奇心驱使下的人群集中。一旦发生踩踏，后果十分严重，因为人体被挤压，胸部无法扩张，导致无法呼吸，短短几分钟内就可能因为无法呼吸而死亡。此外，踩踏还可能导致机械式损伤和创伤性窒息，从而进一步加剧事故的严重性。

一、踩踏事故的概念

踩踏事故，是指在聚众集会中，特别是在整个队伍产生拥挤移动时，有人意外跌倒后，后面不明真相的人群依然在前行，对跌倒的人产生踩踏，从而产生惊慌、加剧的拥挤和新的跌倒人数，并恶性循环的群体伤害的意外事件。

二、造成踩踏事故的原因

踩踏事故的预防在学校等人群集中的地点尤为重要，识别和管理潜在的危险因素是防止事故的关键。

1. 连锁跌倒事件的处理

在人多的场合，即使是单一的跌倒事件也可能引发严重的连锁反应。控制这类事件的关键是通过快速反应和对人群的适当引导来防止踩踏事故的发生。

2. 控制群体恐慌

应对群体性恐慌的措施包括提供及时准确的信息和指引，以及通过训练有素的安全人员来进行紧急疏散。

3. 管理情绪化场合

在可能引发高情绪反应的场合，组织者需要事先进行风险评估和人群控制，避免由情绪波动引起的骚动。

4. 遏制由好奇心引起的人流

在事件发生后，应通过有效的现场管理阻止人们因好奇而聚集在特定区域，特别是在已经拥挤的场合。

三、预防踩踏事故

踩踏事故是发生在学校的重大恶性事故，常造成群死群伤。只要加强管理，此类事故完全是可以避免的。

（一）加强自身教育，认识到踩踏事故后果的严重性

学生要认识到拥挤踩踏事故造成的后果及其对自身的危害，树立防范意识。人多的时候不拥挤、不起哄、不制造紧张或恐慌气氛，遇到拥挤起哄行为要敢于劝阻和制止。

（二）及时发现问题

发现其他同学行为具有危险性时，应当及时告诫、制止。

（三）认清安全标识

学校可在楼梯台阶上画中间标志线与行进方向指示标志，在墙壁的显著位置悬挂提示牌（图2-2）。学生应树立按规则上下楼的意识，并逐渐形成靠右侧行走或站立的习惯。

图 2-2 安全楼梯标识

（四）养成良好习惯，文明礼让

文明礼让，不争抢楼梯和厕所等狭小空间。上下楼梯靠右行，不在狭小空间追逐打闹，在人比较密集的场所遵守秩序，不争道抢行，避免踩踏事故的发生。

（五）掌握防护技能，减少自身伤害

要掌握在不同场合发生踩踏事故的自我防护措施。踩踏事故发生时，切莫慌张，一定要冷静应对，保护好自己，并有序撤退。

延伸阅读

自救方法——人体麦克风法

在密集人群中，快速而有效的沟通和集体行动是防止踩踏事件的关键。首先，向周围的人迅速传达踩踏风险的信息，并立刻组织集体自救措施。人体麦克风法是一种有效的方法：首先，由你带头数到"一、二"或"one, two"，随后大家齐声并有节奏地重复呼喊"后退"或"go back"。这种有节奏的重复呼喊可以稳定人群情绪并指导他们有序撤退。

当稳定的呼喊节奏在人群中形成后，应邀请更多人加入这一呼喊，确保声音能够覆盖人群的每一个角落。对于站在人群最外围的人来说，这种呼喊是一个明确的信号，表明现场可能发生踩踏，他们应该立即采取行动向安全区域撤退，并努力引导周边的人迅速离开现场，同时避免新的人群进入这个危险区域。

安全教育

校园偷盗预防与处理

单元三　预防校园偷盗

校园盗窃事件通常表现出几个关键特性：作案时间的精心选择、目标物品的精确挑选、作案技术的高智能性以及行为的连续性。作案者倾向于选择校园内监控较弱或人流稀少的时间段，目标则是那些便于快速携带且价值不菲的个人物品，如手提电脑和高端手机。他们利用高效的技术手段和工具，确保行动迅速且不易被察觉。

在校园内，由于学生普遍缺乏对贵重物品的警觉性，经常在不同公共区域（如宿舍和学习空间）留下未加看管的财物，这极大地方便了作案者的行动。一旦作案者在初次尝试中获得成功，侥幸心理便会驱使他们继续进行后续的盗窃行为。加之报案和侦察的滞后，作案者往往能在被捕前多次成功，形成一种持续的犯罪模式。

一、偷盗的概念

偷盗行为，从法律角度是指以为非法占有目的，采用规避他人管控的方式，转移而侵占他人财物管控权的行径。最近，以学生为主要目标的财产侵害案件不断增加，引发了社会的广泛关注。学生由于年龄小和缺乏生活经验，往往容易成为诈骗和盗窃的目标，导致他们在校园及其周边环境中频繁遭遇财产损失和人身安全威胁。不法分子利用学生的天真无知，有预谋地实施各种欺诈和偷盗行为，使学生群体面临严峻的安全挑战。

二、校园内常见的偷盗手段

校园内常见的偷盗手段有以下几种：

1."溜门"式盗窃

这是最常见的手段，通过推门进入的方式，趁学生不注意或不在寝室的时段进行盗窃。这种手段持续时间短，行动迅速，留下的证据少，一般只针对摆放在近门处或桌上、床上的物品。

2."顺手牵羊"式盗窃

这种偷盗手段主要是针对学生放在教室里、公共场所、未关宿舍门的财物；或者将学生放在运动场边、食堂的书包伺机"拎走"。作案者一般以单独作案为主。

3. "钓鱼"式盗窃

"钓鱼"式盗窃是作案者趁学生未关窗之机，直接从窗口盗走物品或用木棍、铁杆等细长工具挑出、勾出物品。此类案件经常发生在一楼的学生宿舍，且夏天居多。

4. 翻墙入室盗窃

住在一楼的学生，如果不关窗户，作案者易翻窗入室实施盗窃，且可能发生多个宿舍同时被盗的现象。例如，2024年5月，××中职学校学生宿舍二楼共有6个房间发生失窃，案值达5 000余元。

5. 扒窃

这种作案手段主要发生在人员聚集的食堂、运动场等场所。作案者趁学生在打饭拥挤或运动时从他们衣服口袋中盗走财物。

三、预防校园偷盗

校园内屡屡发生失窃案件，究其原因，不外乎以下几个方面：

1. 缺乏安全防范意识

在平时的生活中，人走门不关、物品随手乱放等现象屡见不鲜，可见部分学生的安全防范意识不强。

2. 思想过于麻痹，无防备心理

学生自修、参加课外活动时喜欢带贵重物品，又往往疏于对自己物品的管理，给不法分子行窃提供了便利。

3. 心理失衡

从校园内发生的盗窃案来看，部分是在校学生所为，其原因是多方面的，有些实施盗窃的学生往往是看到别人生活条件优越，从而产生妒忌心理，以盗窃财物来发泄。

（一）学生宿舍防盗措施

为了确保学生宿舍的安全，保护学生的学习和生活不受失窃事件的干扰，宿舍防盗措施的实施显得尤为重要。下面几种措施可以有效增强宿舍的安全性：

1. 尽量避免在宿舍内存放现金

学生应尽量避免在宿舍内存放大量现金。仅需存放少量零用钱，而较大数额的现金应存入银行账户，并设置复杂密码以增加安全性。

2. 妥善保管电子设备等贵重物品

电脑、手机、钱包及其他电子学习工具等，不应随意放置于桌面或床上等容易被看见的地方。这些物品最好锁在抽屉或储物箱中，防止被轻易盗走。

3. 严格执行锁门关窗制度

最后离开宿舍的学生应负责锁好门窗。即便在夏季，也不应因便利打开门窗而忽视安全，特别是在夜间，应确保所有入口都已安全锁好。

4. 一楼宿舍的特别注意事项

住在一楼的学生应更加警觉，应始终保持窗户关闭，并注意不要将衣物或贵重物品放置在窗边，防止外部可达的作案者"钓取"。

5. 钥匙的管理与保护

避免将宿舍钥匙借给外人或非室友保管。若不慎丢失钥匙，应立即通知宿舍管理部门，及时更换锁具。

6. 及时上报维修问题

如果宿舍门锁、窗户或铁栅栏损坏，或是门框与门之间存在较大的缝隙，应即刻向宿舍管理部门报告，以便尽快进行修复或加装防盗设施。

7. 警惕外来人员推销产品

这是因为，推销的产品不仅质量无法保证，而且有可能被其"顺手牵羊"，偷走钱物。

8. 擦亮双眼

对形迹可疑的陌生人，在宿舍楼里四处走动、窥探张望，要主动多问问，使作案者心生畏惧，无机可乘。必要时，可告知值班老师或保安，若发生紧急情况，可向附近的同学求助或大声呼喊以求得帮助。

9. 放假时要将贵重物品带走

节假日离校，不要将贵重物品留在宿舍，应随身带走，以免被盗。

（二）校园公共场所防盗措施

在校园公共场所可采取以下防盗措施：

（1）外出时，应仅携带必要的零钞以备不时之需，避免露出大量现金或其他贵重物品，以减少成为作案者目标的风险。

（2）在公共场所，如图书馆、教室或食堂，不应使用书包等物品占用座位。这不仅有助于防止贵重物品在无人看管时被窃，还能避免不必要的纠纷。

（3）若发现陌生人在自己周围反复出现，应立即提高警觉，密切关注个人随身携带的物品，特别是在人少且环境安静的区域。

（4）在人流密集的地方，如节日集会或交通繁忙区域，应特别注意保护手机、钱包等贵重物品。建议使用前胸包或其他更加安全的方式携带这些物品，确保其不易被盗。

（5）在食堂排队打饭时，不要将手机、钱包等放在裤子后兜里。此外，应将随身背包或挎包移到身前。

（6）在教室或图书馆学习时，如果需要去厕所或外出接打电话，应拿着自己的贵重物品，或注意看管，以防贵重物品丢失。

（7）在操场上运动时，最好把手机和钱包集中放在一起，找专人看管，或将手机和钱包放在宿舍。

（三）银行卡防盗注意事项

银行卡防盗要注意以下事项：

1. 保护个人密码安全

当在 ATM 或 POS 机操作时，应使用身体或手臂遮挡，防止他人窥视自己的密码，如图 2-3 所示。这一策略有助于保护自己的账户安全不被侵犯。

2. 维护适当的个人空间

在 ATM 机操作时，如果有人站得过近，可以礼貌地提醒对方站在标记的 1 米线之外，这不仅能够保护自己的隐私，而且增加了操作的安全性。

图 2-3 防止密码被偷看

3. 警觉机器的异常状况

在使用 ATM 机前，仔细检查机器本身及其周边是否有异常或可疑的添加物，如异常的卡口设备、不寻常的告示或隐藏的微型摄像头。若发现任何可疑情况，应立即拨打 110 报警，避免引起注意。

4. 及时处理银行卡异常

如果银行卡在操作过程中被 ATM 机吞没，应立即联系银行进行处理。

5. 确保交易完成后的物品回收

操作完毕后，立即取回银行卡，并妥善保管交易流水单，不要将交易凭证随意丢弃，以免泄露个人信息，如图 2-4 所示。此外，建议开通银行卡的短信提示服务，以实时监控账户交易动态。

图 2-4　交易完成后收好流水单

延伸阅读

多次偷拿外卖是否构成盗窃罪？

在南京一起连续的外卖盗窃案件中，涉事者被确认为正在复习考研的大学生周×。从 2023 年 5 月起，他在本地一个小区内多次盗窃外卖，虽然其盗窃行为涉及的金额不大，但由于是多次盗窃，已构成刑事犯罪，目前已被警方刑事拘留。

周× 是知名大学的本科生，家庭困难，为了支持他的学业，他的三个兄妹甚至辍学。但不幸的是，周× 的行为最终导致了严重的法律后果。

1. 多次偷外卖行为应当如何认定

根据司法解释和《中华人民共和国刑法》第二百六十四条的规定，如果一个人在一年内入户盗窃或者在公共场所扒窃三次以上，这种行为可以被认定为"多次盗窃"，从而构成盗窃罪。这种情况通常会导致比较严重的法律后果。

具体到法律条文的解释，如果盗窃行为发生多次，即便每次盗窃的金额不是很大，也将其视为盗窃罪，并且会受到相应的刑事处罚。这类犯罪的基本处罚标准是：被判处三年以下有期徒刑、拘役或者管制，并可附加处以罚金。这意味着即使盗窃的总价值没有达到《中华人民共和国刑法》中规定的"数额较大"的标准，重复的犯罪行为本身就足以触发这一刑罚。

在特定情况下，如盗窃数额巨大或存在其他严重情节，刑罚将更为严厉，可能会被判处三年以上十年以下的有期徒刑，并处罚金。更严重的情形，如盗窃数额特别巨大或有特别严重的其他情节，可能会面临十年以上有期徒刑、无期徒刑，甚至死刑，并可能伴有没收财产的处罚。

2.多次盗窃具体规定

根据法律规定，"多次盗窃"通常是指在两年内实施三次以上的盗窃行为。这一定义特别适用于那些虽然累计多次盗窃但每次盗窃金额并未达到较大数额的情况。如果在追溯的时间限制内，累计盗窃的总金额达到了法定的较大数额标准，则可以按照"盗窃公私财物，数额较大"的情形定罪和处罚。

在对"多次盗窃"进行认定时，需要全面考虑包括犯罪动机、行为时间、地点等因素，进行客观的分析和认定。特别地，如果行为人基于同一犯罪意图，在同一地点对多个目标（如一个居民楼内的多户居民）连续实施盗窃，这种情况一般应当被视为一次犯罪行为。

提醒：案例中的周某虽然每次偷拿的外卖金额不高，但是多次偷拿已经构成了盗窃罪，因此就需要接受刑事处罚。多次盗窃符合盗窃罪的构成要件，应当定罪量刑。

单元四　预防校园欺凌

校园欺凌应对

校园本应是一个充满阳光和安全的环境，然而频繁发生的校园欺凌事件不仅严重损害未成年人的身心健康，也对社会道德底线构成了冲击。为此，学校需与相关部门共同采取多种措施，尤其是要完善法律法规，加强对学生的法制教育，坚决杜绝任何漠视他人的尊严与生命的行为。校园欺凌的问题已经引起了教育部门、学校乃至社会各界的广泛关注。现在，将责任感、法治意识等核心价值观融入各级学校的教育体系中，已经

迫在眉睫。学校必须引导学生树立清晰的是非观念，确保学生明白犯错必须承担相应后果，且明确"红线"是绝对不可触碰的。

一、欺凌与校园欺凌的概念

欺凌行为通常涉及不平等的力量关系，其中攻击者在身体力量、社会权力或地位方面明显强于受害者。这种行为可分为直接和间接两种形式。直接欺凌包括攻击者直接对受害者实施身体或言语攻击，而间接欺凌则通过如散布谣言、社交排斥或影响他人学习的方式间接伤害他人。

尽管校园欺凌尚无统一且标准化的定义，但业界普遍认同校园欺凌是指在学生之间发生的，通过身体、言语或数字媒介，恶意且反复地实施欺凌行为，导致受害者身心受损的行为。这种行为可能是个体间的，也可能是群体性的，后者通常称为"聚众霸凌"，涉及多人对单一或少数人的集体欺凌。

理解校园欺凌的这些维度至关重要，它不仅帮助我们识别和防止这一行为，而且对于创造一个支持性和安全的学习环境至关重要。

在我国，校园欺凌被明确定义为具有五个核心要素的行为：第一，该行为必须发生在学生之间，这强调了校园欺凌的环境和主体特定性；第二，存在一个明确的恶意意图，攻击者故意或蓄意地欺凌其他学生；第三，行为表现为倚强凌弱，其中攻击者在力量、地位或社会资源上明显强于受害者；第四，欺凌行为具有反复性，不是一次性事件，而是多次对同一受害者或多个受害者的持续攻击；第五，这些行为造成了明显的伤害后果，无论是身体上、心理上还是社交上的伤害。

二、校园欺凌的原因

（一）家庭方面

校园欺凌行为的根源复杂多样，但在很大程度上与家庭环境和家庭教育方式密切相关。这些因素形成了孩子的性格和行为模式，影响他们在学校中的互动方式。

首先，不良的家庭环境，如父母之间关系紧张、相互疏离、存在暴力倾向，或缺乏幸福感，都可能导致孩子学习使用暴力而非有效沟通来解决问题。这样的环境往往会让孩子感受到过多的压力，从而可能导致心理障碍和欺凌行为的发生。

其次，处理孩子错误的方法如果仅限于打骂，而缺乏必要的关爱和交流，也可能导致孩子内心的情感变得阴暗。这种冲突和缺乏温暖的家庭氛围很容易使孩子形成消极的心态，对外部世界持有敌意。

最后，对孩子的过度溺爱和过分的纵容也是一个不可忽视的问题。当孩子习惯于在没有界限的环境中成长时，他们可能难以区分对错，变得自私并忽视他人的感受，从而可能在学校中表现出霸道和跋扈的行为。

（二）同学之间

同学之间的关系往往受到学习成绩和生活品质竞争的影响，而忽视了社交与合作的重要性。这种单一的竞争关系容易导致同学间的摩擦和负面情绪的积累，最终可能演变为校园欺凌行为。

（三）个体方面

1. 青春期的挑战

青春期是青少年发展的关键阶段，同时也是暴力行为的高发期。在这一时期，青少年需要适应身体的成熟、繁重的学习任务及社会化过程，这种多重压力可能导致自我认同和角色混乱的心理冲突。

2. 心理特征的形成

由于家庭、学校和社会的复合影响，青少年可能会形成自卑、敏感、怯懦、孤僻或骄横、偏执、自尊心强、嫉妒心强等心理特征。这些特征易使他们在社会交往中成为攻击者或受害者。

3. 对欺凌后果的认知不足

青少年通常对欺凌行为的后果及其严重性缺乏清晰的认知。不仅是直接的攻击者，即便是旁观者也未能意识到欺凌行为可能带来的严重后果，导致在许多情况下欺凌行为被视为"正常"的社交行为。

三、预防校园欺凌的措施

预防校园欺凌可采取以下几种措施。

（1）日常穿戴和学习、生活用品要低调；不要过于招摇；不要大手大脚花钱，甚至故意显富，以免引起他人侧目。

（2）和同学发生矛盾冲突时，不要自行解决，要找老师帮助解决。

（3）上学、放学和参加活动时尽可能结伴而行；独自出去找同学玩时不要走僻静、人少的地方；不要天黑再回家或回学校。

（4）受到校园欺凌与校园暴力后，一定不要被"报告老师或报案会受到报复"等威胁的语言所吓到，要立即告诉老师和家长。也不要在被欺负后，以暴制暴。

（5）经常和家长、老师反映自己的交友情况，求得老师的指点和帮助。

（6）不结交陌生网友，不观看有关暴力的视频、网页、书籍等。不在网上发表低俗言论或散布他人隐私等。

延伸阅读

校园欺凌高发时段和高发区域

校园欺凌事件多发生在课间休息时间、午休时间、没有老师看管的活动课时间、上下学途中等。校园欺凌多发的地点为：学校厕所、操场、学生宿舍、学校门口及周边、楼道、教室等。因此，学生要格外留意，做好自我保护。

校园诈骗预防

单元五 预防校园诈骗

学生在管理个人财务时应采取理性和预防的策略，以确保财产安全和避免不必要的经济负担。预防校园诈骗要注意以下事项：

1. 合理消费

学生应根据自己的经济状况进行消费，这意味着应遵循"量入为出"的原则，即只消费自己能够承担的费用，避免因冲动而购买不必要的物品，如跟风消费或盲目攀比。

2. 学习金融知识与防范诈骗

学生应学习金融知识，特别是了解有关金融贷款的基本信息，以提高对金融诈骗和不良借贷的防范意识。了解常见的诈骗手段和借贷陷阱是避免经济损失的关键。

3. 寻求帮助与支持

遇到经济困难时，学生应主动向学校寻求帮助。许多学校会为学生提供经济援助、奖学金或贷款计划，可以帮助学生渡过难关。同时，如果学生不慎陷入不良网贷问题，应及时报告学校并寻求公安部门的协助。

4. 保护个人信息

学生应谨慎处理个人信息，避免随意泄露个人敏感数据，如身份证号、银行账户信息等。此外，学生应妥善保管身份证、银行卡等个人财务工具，坚决不借给他人使用。

一、校园诈骗的概念

校园诈骗是指以学生为作案目标、以非法占有为目的、用虚构事实或隐瞒真相的方法骗取数额较大财物的行为。

二、校园诈骗的原因

校园诈骗通常在一个表面平和甚至令人愉快的环境中进行，从而使学生易于上当受骗。诈骗不仅侵犯了学生的合法权益，还对其身心造成了严重的影响。轻则让学生陷入经济困境，难以专心完成学业；重则可能导致受害者出现极端行为，如自杀或轻生，甚至触发连锁的治安和刑事案件，危害性极大。学生容易成为诈骗的目标，主要是因为以下几方面原因：

1. 思想单纯，分辨能力差

许多学生社会经验不足，思想相对单纯，缺乏必要的辨识能力。学生通常只停留在事物的表面，或者根本不去深入分析，这为诈骗者提供了可乘之机。

2. 感情用事，疏于防范

助人为乐是中国的传统美德。然而，如果不加思索地帮助一个不熟悉或刚认识的人是非常危险的事情。一旦遇到自称处境绝望、急需帮助的"落难者"，学生往往会被其花言巧语蒙蔽，从而"慷慨解囊"，误以为是在做善事，却不知已落入诈骗者设下的圈套。

3. 受到求助，粗心大意

在求助他人时，关键在于了解对方的人品和身份。一些学生在需要帮助时，可能过于急切，完全放松了警惕，对对方的要求往往不加质疑，过于"积极自觉"地满足对方的需求。

三、预防校园诈骗的措施

（一）保持健康心态，树立防骗意识

1. 深入学习法律知识

法律知识是中职生理解社会规划、提升自身法律素养的重要基础。学生应当积极学习相关的法律法规，掌握必要的预防技能，提高辨识真伪的能力。通过学习法律知识，中职生可以更好地理解自己的权利和义务，学会用法律武器保护自己的合法权益。

2. 培养正确的价值观

学生建立正确的人生观和价值观是非常重要的。应时刻致力于提升自己的道德和情操，自觉抵制金钱和名利的诱惑，增强面对各种诱惑时的自控力。

3. 警惕与明辨

在与陌生人交往时，学生需要细致地了解对方的背景，保持理智和清醒的头脑，观察对方的行为，辨别真伪，并在做出任何决定前深思熟虑。

（二）克服主观感觉，避免以貌取人

学生在社交活动中应谨慎把握交往的原则和界限，避免过度依赖主观感受或外貌印象进行判断。这要求克服"首因效应"，即不应仅凭对方的外表、言谈或初次印象就轻易做出评价或信任他人。同时，重要的是不应仅看重对方的头衔或名声，而应深入了解其品德和实际能力。在与人交往时，学生应发展批判性思维，学会从多个角度和更深层次去评估和理解他人。不被表面现象所迷惑，是维护自身利益和发展健康人际关系的关键。

延伸阅读

被欺骗的"学生"

学生往往因为经验不足而容易成为网络诈骗的目标。一个常见的诱饵是通过提供看似轻松的高薪工作，如在线刷单兼职来吸引学生。这类诈骗通常以少量的成功交易作为饵料，让受害者在短时间内看到小额盈利的可能性，从而诱使他们投入更多的资金。

以湖北学生小赵的经历为例，他在暑假期间试图通过网络兼职赚取零花钱。他在网

络上看到一个看似合法的刷单广告，宣称可以在家轻松赚钱。初次尝试后，小赵收到了本金和少量佣金，这让他误以为该兼职是安全可靠的。因此，他开始增加投入金额，不久便投入了1.6万余元。然而，当他试图联系客服以返还本金和佣金时，发现自己已被拉黑，联系方式被封锁。小赵立刻拨打110报警电话寻求帮助。

在校学生不要轻信"动动手指，躺着就能赚钱"的骗局，远离网络兼职刷单，不点击不明链接、不扫描不明二维码，发现被骗后注意保留证据并及时报警。

模块实践

活动与训练

（1）把全部学生分成四组，教师布置训练题目"设计一个校园安全活动方案"。

（2）每组分别选出一名组长，组长负责活动方案整体环节设计及各方的协调工作。

（3）要求每组学生在20分钟内设计出活动方案的各个环节。

（4）比较各组的活动方案，看哪一组设计得更细致。

（5）评比各组的活动方案，并完成下表。

校园安全活动评比

组别：　　　　　日期：　　　　　评分人：

评价标准	分值	第一组	第二组	第三组	第四组
活动设计是否科学	20分				
活动组织是否周密	20分				
活动形式是否灵活	20分				
小组成员能否有效地分工与合作	20分				
活动效果如何	20分				
总分	100分				

探索与思考

（1）你被盗过财物吗？应该从哪些方面培养良好的防盗习惯？

（2）遇到被盗情况时应该如何应对？

（3）想一想，在你周边是否存在欺凌现象？如果有，主要是哪种形式的欺凌？欺凌与同学之间的冲突、不礼貌或恶作剧有什么区别？

（4）怎样根据本校的实际情况预防学生运动受伤事故的发生？

（5）查找本校有无易导致拥挤踩踏事故发生的地点与做法。怎样根据实际情况预防拥挤踩踏事故的发生？

（6）怎样应对运动受伤与拥挤踩踏事故？

社会安全 模块三

学习目标

（1）运用所学知识，知道遵守交通规则的重要性。

（2）掌握消防安全知识，正确使用灭火器。

（3）掌握防溺水知识，并运用到实际生活中。

（4）掌握防范性侵害知识。

（5）培养社会安全责任感，逐步形成安全意识，掌握必要的安全行为知识和技能，了解相关的法律法规常识，能够正确应对日常生活中的突发安全事件。

导 语

平安需要一生功，事故仅仅一秒钟。

——佚名

案例引入

在一次平常的学生郊游中，一场意外突然打破了欢声笑语。马×与其他三名同学骑自行车外出时，兴致勃勃地追逐打闹。然而，事态在一瞬间急转直下。在尝试超越一个骑车的同学时，马×由于技术掌握得不熟练，导致自行车后轮卡住了前车的脚架，引发了一系列灾难性的连锁反应。自行车失去控制并向路中央摇摆，恰逢此时，一辆轿车从对面驶来，与其发生碰撞。马×被撞倒在地，并遭到轿车的碾压，当场死亡。

总结案例：

这几名学生在紧张学习之余外出轻松一下本属正常，但在行驶过程中违反了骑车人"不准扶身并行、互相追逐或曲折竞驶"的规定，以致发生事故。

如何预防步行危机　自行车骑行注意事项

单元一　交通安全

交通事故常由于驾驶者过分自信和对安全规范的忽视而造成。学生特别需要认识到，严格遵守交通法规是保护自己和他人安全的基本要求。忽视交通安全不仅可能带来严重的后果，而且可能危及生命。因此，加强对交通安全的认识极为重要，它为每个人提供了一层额外的安全保护。

在新时代，遵循法律和文明出行已成为社会的普遍期待。安全和守法是交通行为的基础，文明则是构建和谐社会的关键。作为新一代的成员，学生应该积极地维护和推广这一理念，通过自己的模范行为，促进社会文明和道德的提升。

一、乘车安全

交通事故常被比喻为"现代社会的交通战争"，这一比喻强调了它们在现代生活中造成的广泛破坏和伤亡。这些事故仿佛是无形的刽子手，隐匿在每一个路口和转弯处，伺机而动，只等着违规者一显身手。因此，为了个人和他人的安全，每个人都必须学会保护自己，并养成文明驾驶和行走的习惯。

（一）乘坐机动车安全

为确保乘坐机动车时的安全，特别是学生群体，应注意以下事项：

1. 候车和乘车礼仪

在乘坐公交车时，应有序排队等候，依照先来后到的原则上车，避免拥挤。只有在车辆完全停稳后才上下车，乘车时应遵循先下后上的规则。上车后，应避免急于寻找座位，注意观察车厢内是否有老年人、残疾人、孕妇或带小孩的乘客，并主动为他们让座。

2. 禁止携带危险物品

切勿将易燃易爆物品，如汽油、爆竹等带入车内，以防发生危险。

3. 不要把头和手伸出窗外

乘车时不应将头部或手臂伸出窗外，以防被路边的树木或行驶的车辆刮伤。同样，应避免向窗外抛掷任何物品，以免对他人造成伤害。

4. 保持稳定姿势

在没有座位的情况下，应保持脚部自然分开、侧向站立，并紧握扶手，以防因车辆突然刹车而跌倒和受伤。若坐着，应保持警觉，双手抓紧前座椅背，可以减轻突然刹车时身体向前冲的力度，以保护头部和面部。

5. 紧急情况应对

如汽车遭遇翻车或翻滚事故，避免死抓车内任何固定物品，应采取保护头部和缩小身体的姿势以减轻伤害。

6. 系好安全带

在乘坐轿车或客车时，尤其是坐在前排时，应始终系好安全带。

7. 避免危险车辆

尽量不乘坐卡车或拖拉机等非专用客运车辆。若必须乘坐，切勿站立或坐在车厢边缘。

8. 搭乘出租车注意事项

避免在机动车道上招手叫车，以免发生危险。

9. 防范扒窃

在乘坐公交车时，注意个人财物安全，将贵重物品存放在安全位置。避免在车门口停留，以免在拥挤时被扒窃。一旦发现财物丢失，应立即通知司机或售票员，请求其协助寻找。

（二）乘坐火车安全

火车旅行以其速度快、方便、准时而广受欢迎，且相较其他交通方式，火车事故发生率较低。然而，为确保在火车旅行中的安全，尤其是学生群体，应遵循以下几项安全指南：

1. 提前抵达车站

为避免错过火车，应根据车次规定至少在发车前 30 分钟到 1 小时到达车站。如需中途换乘，应及时办理相关手续，并确认检票口位置。

2. 站台安全

在站台上，应站在黄色安全线以外的区域，以防被经过的列车意外卷入。

3. 车窗安全

列车行驶时，不应将头部或手臂伸出窗外，避免被路旁的设施刮伤。

4. 避免危险区域

不在车门和车厢连接的区域逗留，这里容易发生夹伤或其他意外。

5. 禁止携带危险品

不要携带易燃易爆物品上车，如汽油或鞭炮等。

6. 环保行为

不要向车外扔废弃物，防止伤害路人或铁路工作人员，并造成环境污染。

7. 行李安全

妥善保管行李物品，注意防盗。

8. 紧急情况处理

了解车门附近紧急制动装置的使用情况，仅在紧急情况下使用。

9. 个人卫生和健康

旅途中注意个人卫生，避免疾病传播，饭前便后应洗手，适量饮水，并携带必要的药物以防急症。

10. 提高警惕

独自出行时要保持高度警惕，防止遭遇盗窃或诈骗。如遇问题，及时向列车员或乘警报告，寻求帮助。

二、骑行安全

自行车，或称单车，在中国广受欢迎，是一种经济实用的交通工具，甚至成为一种文化象征。它为成年人的工作通勤、学生的校园通行以及家庭的日常出行提供了极大的便利。自行车的普及让父母能够方便地送孩子上学，也使访友活动更加便捷。

（一）骑自行车的风险

虽然自行车以其便捷性和灵活性受到许多人的青睐，但其固有的不稳定性和潜在的危险性也应得到充分重视。对于一些骑行经验丰富的人来说，他们的过度自信往往会演变成随意和惰性的骑行态度。这种态度主要体现在：①注意力不集中，缺乏警觉性；②常常超载，使得自行车摇晃，难以稳定；③面对交通危险时，他们往往选择挑战而不是谨慎行驶，与机动车争行道，增加了发生严重事故的风险。

（二）骑行的安全事项

对于那些已达到法定骑行年龄（12周岁）的学生，准备正式骑车上路前，有必要认真学习相关的自行车骑行规定，掌握安全骑行的基本技巧。特别重要的是，学生在横过道路时，必须严格遵守交通信号灯的指示。在遇到红灯或需要停车观察的情况下，应确保将自行车完全停在非机动车道的停止线内，耐心等待绿灯。同时，应特别注意路口布局，避免在设置了右转机动车道的路口占用右转机动车道。占用右转机动车道不仅违反交通规则，还可能与右转的机动车发生冲突，极易造成事故。

1. 日常骑行的安全注意事项

对于中职生来说，自行车是一种常见的交通工具，但事故发生的原因之一是缺乏足够的安全教育和安全意识淡薄，不遵守交通规则。为了确保骑行安全，学生应注意以下安全事项。

（1）自行车维护。确保自行车的各个部件，如铃、闸、锁、车轮、车把、脚踏和坐垫等都保持完好无损。特别是车闸和车铃的灵敏性、车胎和链条的完整性，这些对于安全骑行至关重要。

（2）遵守行驶规则。自行车应在非机动车道上靠右行驶，避免逆行和突然转弯。在转弯前应减速，确认四周无障碍后，使用明确的手势后再转弯。

（3）限速和禁止行为。电动自行车的最高时速不得超过15千米/小时。避免在道路上骑独轮自行车或多人共骑一辆自行车。

（4）路口通行。在交叉路口减速并注意行人和来往车辆，遵守交通信号，不闯红灯。

（5）安全驾驶。不进行危险驾驶或飙车，与前车保持安全距离，超车时不妨碍其他车辆。

（6）装备限制。禁止自行车（包括三轮车）加装任何动力装置。

（7）交通规则。学习和掌握必要的交通规则，以增强骑行时的法律意识。

（8）练习场地。在空旷、安全的场地进行骑行练习，避免在人多或车多的地方进行危险动作练习。

（9）骑行姿态。骑行时双手应握紧车把，避免手持物品或单手驾驶，不多人并骑，不进行互相攀扶或追逐打闹。

（10）注意事项。骑行时不应攀扶机动车辆，不超载，保持注意力集中，避免使用耳机。

（11）应急措施。在通过陡坡或夜间行驶等危险情况下，应下车推行，并在下车前通过手势向后方车辆明确示意（图3-1），避免突然停车或阻碍交通。

（12）骑自行车不得载人，因为自行车的车体轻、刹车灵敏度低，轮胎很窄，如果载人，车子的总重量增加，容易失去平衡，遇到突发情况时就容易发生事故。

图3-1 上下车伸手示意

2. 雨雪天气骑自行车的安全注意事项

雨雪天气骑自行车应注意以下事项。

（1）避免低头猛骑。遇到雨天时，应避免因避雨而低头快速骑行（图3-2）。这种行为会影响对前方障碍物的观察，增加风险。

图3-2 不要低头猛骑

（2）穿戴适当的雨具。在雨天骑行时，建议穿戴雨衣或雨披，避免使用雨伞骑车，因为这会分散注意力并减少对车把的控制。

（3）调整轮胎气压。在雪天骑行时，应适当降低轮胎的气压，以增加轮胎与地面的接触面积，提高摩擦力，防止滑倒。

（4）保持安全距离。雪天时应与前车或行人保持较大的安全距离是必要的，因为刹车距离会因路面湿滑而延长。

（5）谨慎操作。在结冰或积雪的路面上骑行时应选择平坦、无冰的路段。在操作车闸和转弯时要特别小心，避免急刹或急转弯，转弯时应尽量放缓速度并增大转弯角度。

（6）增强注意力，减速骑行。雨雪天气使道路变得湿滑泥泞，骑行时需要更集中精力，随时准备应对突发状况。在这种天气条件下骑行速度应比晴天时要慢，从而确保安全。

3. 风雨中骑自行车的安全注意事项

（1）顺风骑行控制速度。当顺风时，风会增加自行车的推动力，容易导致速度过快。在这种情况下，应控制车速，保持稳定，以便能够及时响应突发情况和进行必要的刹车。

（2）逆风骑行保持稳定。逆风骑行时，风阻会降低速度并增加骑行疲劳感。但要注意不要为了抗击风力而低头猛骑，这样做会分散对路况的注意力，增加风险，而应抬高头部，确保能够清晰看到前方及周围的交通情况。

（3）大雨中穿戴适当雨具。在大雨中骑行时，应确保将雨衣系牢固，避免被风吹翻卷而阻挡视线。选择合适的雨衣可以有效防止雨水直接打在身上，同时可减少因衣物被风吹动而造成的不稳定和视线问题。

（4）防滑措施。雨天路面湿滑，特别是路面泥泞时更加难以控制自行车。骑行时应减速，避免急转弯和突然刹车，因为这些都可能导致滑倒或失控。

（5）特殊注意事项。在遇到风力特别大或暴风雨时，应考虑停止骑行，寻找安全的地方避风避雨。如果必须继续骑行，则要格外注意车辆可能因风力影响而发生的倾斜或偏移。

4. 高温天气骑自行车的安全注意事项

（1）防止疲劳驾驶。高温天气容易使人感到疲劳或昏昏欲睡。骑行前应确保睡眠充足，以保持清醒和注意力集中。如果感到疲劳，应立即停车休息。

（2）适当降温和补水。在出行前和骑行途中，应采取有效的降温措施，如穿着透气的服装和使用防晒霜。同时，随身携带水壶，确保及时补充水分，防止中暑和脱水。

（3）减速慢行。夏季的柏油路面因高温导致路面软化，这会降低轮胎与路面的摩擦力，从而降低车辆的制动效能。骑行时应降低速度，尤其是在转弯或经过热熔路段时，以防滑倒或失控。

（4）避免高温时段骑行。尽量避免在一天中最热的时段（通常是中午到下午早些时候）在户外长时间骑行。应选择在早晨或傍晚较凉爽的时候骑行。

（5）检查自行车状态。在每次骑行前，检查自行车的各个部件，特别是刹车系统和轮胎的状态，确保它们适应高温天气的骑行要求。

5.迷雾天气骑自行车的安全注意事项

（1）控制车速。在雾天骑行时，必须根据能见度调整车速。如果能见度低（5米以内），必须显著降低速度。低能见度条件下，骑车人难以及时看到前方的障碍物或危险情况，快速骑行将极大增加事故发生的可能性。

（2）提前刹车。由于雾天视线受限，发现任何潜在的障碍或变化时，应提前采取刹车措施，以便有足够的反应时间避免撞击。

（3）保持安全距离。在雾天行驶时，与前车或前面的行人保持较大的距离是非常必要的。这不仅为自己提供了更多的反应时间，还可以减少因突然停车或方向变化而引起的连锁反应事故。

（4）提高警觉。在大雾中骑行时，应高度集中精力，持续监控四周环境，特别是前后左右的车辆和行人动态，确保能及时作出安全反应。

（5）避免在极低能见度下骑行。在能见度极低的情况下，建议尽可能避免骑行。如果确实需要出行，应考虑使用更为安全的交通工具，或寻找具备良好照明和指示标志的路线。

三、交通事故的处置

（一）校园内交通安全

在校园内的交通安全问题随着学生和教师车辆数的增加变得越来越复杂，尤其是中职学校。校园内的交通流通不均衡，一般高峰时段集中在上下课时，缺乏专业的交通管理，以及无牌无证驾驶现象严重，这些都增加了发生校园交通事故的风险。此外，由于校园道路复杂且车辆多样，学生在校园内的交通安全意识尤为重要。校园交通事故的常见原因包括以下几方面。

（1）注意力不集中。许多学生在校园内行走时常常分心，如边走路边看书或听音乐，缺乏对周围环境的警觉。这种行为极大地增加了交通事故的风险。例如，一个学生在戴耳机听音乐时未能注意到接近的车辆，导致被汽车撞倒。

（2）在路上进行体育活动。学生精力充沛，有时会在校园的道路上进行跳跃、嬉戏甚至玩球等活动，这不仅干扰了正常的交通秩序，还可能直接导致交通事故。

（3）危险驾驶行为。一些学生会在校园内以极高的速度骑行自行车，甚至炫耀危险的特技，如双手离开车把。此外，无照驾驶和使用来源不明的摩托车在校园内"兜风"也极易引发事故。

（二）校园外常见的交通事故

1. 步行或骑非机动车时的事故

学生在校园外步行或骑非机动车时面临的风险较高，尤其是在车流量大、行人众多且交通标志复杂的市区。由于这些地区的交通环境复杂度远高于校园，学生若缺乏对交通规则的充分了解或缺少实际通行经验，可能无法准确判断车辆速度或无法正确遵守交通信号，这些都显著增加了发生交通事故的概率。此类事故通常发生在过马路或在繁忙路段骑行过程中。

2. 乘坐交通工具时的事故

当学生参与校外活动，如旅游、参加社会实践、求职等时，通常需要乘坐各种交通工具，这些活动同样伴随着一定的风险。交通事故在全国范围内时有发生，有时还可能导致群体性伤亡。其主要的风险因素包括租用未经官方认证的非法运营私人车辆、选择未经充分检查的旅游公司车辆外出旅游，或者乘坐朋友、同学的私家车。这些情况下，车辆的安全性和驾驶者的责任意识无法得到有效保证。

（三）学生发生交通事故的处理

学生如果发生交通事故或者发现交通事故，要拨打122或者110报警。学生发生交通事故的处理主要有以下几方面。

1. 发生交通事故要及时报案

学生在校园内外发生交通事故时，首先应立即拨打122求助，并严格避免与对方私下解决问题，这样做不仅有助于确保事件处理的正当性，还可以防止私底下解决可能引发的附加伤害。对于校外的事故，学生应及时通知学校，并寻求学校的协助处理。在报警时，必须详尽提供事故的时间、地点、伤亡人数及车辆损坏的情况，若有车辆逃逸，应详细说明车辆的车牌号、型号及颜色等关键信息。此外，报警者应留下自己的联系方式和姓名，确保警方能够有效地跟进和处理。

2. 事故发生后要保护好现场

在学校内外发生交通事故时，保护事故现场的完整性至关重要，因为这关系到事故责任的准确划分和法律权益的保护。未妥善保护事故现场可能导致学生无法依法维权，并可能为肇事者提供逃避法律惩处的机会。学生应立即用手机或照相机记录事故现场的声音和图像资料，重点记录事故现场的原始状态、肇事车辆的车牌号以及肇事司机的体

貌特征等。此外，学生必须避免利用交通事故作为获取任何事故现场钱物的机会。事故现场的勘查结果是确定事故责任的关键依据。

3. 事故发生后要控制住肇事者

在校内外遭遇交通事故且事故未造成重大伤亡时，学生应保持冷静，确保肇事者不离开现场。在等待交警到来之前，避免与肇事者进行争执，以防局势升级。如果肇事者试图逃离现场，应尽力阻止。如果个人难以控制情况，可以请求周围的人协助。在无法实际控制肇事者的情况下，至少应记下肇事车辆的牌照和肇事者的显著特征，以便事后的法律追踪和责任归属判定。

4. 及时救助伤员

在交通事故中若发生人员伤亡，立即拨打 120 请求急救是首要任务。在进行救助的同时，也必须注意保护事故现场。如需抢救伤者紧急移动车辆或伤者，应在原地做好明显标记，确保事故原状能够被有效重现。此外，处理现场伤情时，应特别小心，以免造成二次伤害。在拨打 120 救护电话时，需要清楚提供事故发生的具体地址和联系电话。详细说明伤员的受伤时间、受伤人数及具体受伤部位，强调伤者的紧急状况，如呼吸困难或大出血等。同时，询问救护车的预计到达时间，并指定一个合适的地点以便救护车快速接应。

5. 依法解决交通事故损害赔偿

在交通事故处理过程中，如果双方当事人能够就责任和损害达成一致，并且事故造成的损害相对较轻，当事人可以自行清理现场。这样的处理方式快捷且高效，可以避免造成交通拥堵。然而，为了确保双方的权益得到合法保护，事故双方应尽快前往交通管理部门办理相关法律手续。对于那些责任不清晰或双方有较大争议的事故，应按照法律规定来处理。在这种情况下，不应擅自清理事故现场，以免破坏事故现场的原貌。双方应立即报警，并在交通警察到达现场后协助收集现场的证据。警察将根据现场情况和收集到的证据，完成交通事故认定书，明确事故责任。如果在接到交通事故认定书后，双方仍有关于损害赔偿的争议，可以申请由公安交通部门进行调解，或直接向人民法院提起民事诉讼。

延伸阅读

马路的来历

最初在工业革命之前，即使是伦敦、巴黎、布鲁塞尔这样的大城市，道路主要还是由石子铺成的土路。然而，随着18世纪末工业革命的推进，传统的交通路网已不能满足日益增长的工业和交通需求。

在这个关键时刻，英国人约翰·麦克亚当（John L. McAdam）带来了一种创新的道路建设技术，他设计的"马卡丹路"采用碎石铺设，路面中央偏高以便于排水，确保了路面的平整和宽敞。这种设计不仅革新了道路建设技术，而且提高了道路的使用效率和耐用性。麦克亚当的名字也因此与这种道路设计方式密切相关，被人们广泛称为"马卡丹路"，并影响了"马路"这一术语的普及。

到了19世纪末，随着西方列强的影响力扩展到中国，"马卡丹路"等西方先进的道路建设技术也随之引入中国，特别是在上海，这种道路技术不仅被广泛采用，在南京东路外滩到河南中路这一段，因为当地居民观察到外国人经常在下午时分在这里进行马术活动，这条路也被俗称为"马路"。

单元二　消防安全

校园火灾原因　家庭火灾扑灭

安全始终是人类历史发展中不可或缺的一部分，它不仅是社会发展的基础，更是个体生存与发展的重要保障。正因为安全关乎每个人的福祉，它自古以来就是人们关注的焦点。在众多学校中，特别是对于新生而言，消防安全教育占据了重要的地位。这是因为一旦校园安全失守，学生的学习和生活都将受到极大影响。因此，学生们必须深刻理解火灾的危害性，并认真学习消防知识，提高自身的防火和灭火能力。通过这样的努力，不仅可以有效预防火灾的发生，还能在紧急情况下采取正确的应对措施，从而确保校园是一个安全的学习和生活环境。

一、校园火灾的危害

校园是政府和消防部门特别关注的防火重点场所，因为无论是何种类型或性质的中职学校，火灾的风险都相对较高。这主要是由于学校人员密集、教学和科研设备数量庞大，以及高层建筑不断增多。一旦发生火灾，就会造成重大的人员伤亡和财产损失。

火灾无情，它不仅会夺去无数人的生命，还会摧毁大量的社会财富。随着社会的发展和教育的进步，新设备、新材料、新工艺的广泛使用，以及用火、用电、用气的范围不断扩大，潜在的火灾风险也在增加。火灾的危害主要表现在以下几方面。

（一）火灾危及生命

生命的宝贵和独一无二性要求我们对每一次安全威胁都要保持高度警觉。特别是在校园这样的人口密集地，火灾的潜在危险极大，其后果将会对许多生命造成不可逆的影响。火灾，这个生命安全的无情威胁，提醒我们必须不断提高安全意识，始终保持警觉。

因此，每位中职生都应该倍加珍惜自己的生命，并给予消防安全应有的重视。通过学习和实践消防安全知识，了解如何预防火灾以及在火灾发生时如何保护自己和他人，这不仅是对自己生命负责，也是对整个校园安全的贡献。记住，预防和准备是保护生命不受火灾威胁的关键。

（二）火灾易造成重大财产损失

中国有句俗语："贼偷三次不穷，火烧一把精光"，这句话深刻揭示了火灾的毁灭性。校园火灾所造成的损害不仅仅是物质的损失，更是对学生的安全和学习环境的严重威胁。一场大火可以将数十年的劳动成果瞬间化为乌有，如教学楼、实验楼、图书楼的焚毁不仅损失了贵重的实验设备和珍贵书籍，更直接影响了教学和科研活动的正常进行。

此外，发生在学生宿舍的小型火灾和火警事件屡见不鲜，每年都有数千起此类事件发生，导致学生遭受重大财物损失。据统计，中职学校中由火灾引起的经济损失远超过盗窃事件。这种情况说明了加强消防安全教育和配置防火、灭火设施的重要性。确保学生了解和掌握必要的火灾预防和应对知识，对于构建一个安全的学习和生活环境必不可少。

（三）火灾影响正常的生活与学习秩序

火灾的破坏力不仅限于对人身安全和财产的直接损害，更深远地影响着正常的教学活动和生活秩序。恶性火灾常常给师生带来深刻的心理冲击和精神创伤，轻者可能长期心有余悸，重者可能遭受持久的精神损害。此外，重大的火灾事件不仅对受害者家庭构成毁灭性的打击，还可能引发连锁的社会问题，如公众不满和骚乱，进而影响校园和社区的稳定。

鉴于火灾的广泛危害，中职生必须深刻认识到火灾的潜在风险，并不断提高自身的防火意识。学校和学生应共同遵循"预防为主，防消结合"的消防工作方针，切实加强校园的火灾预防措施，包括定期的消防演练、安全教育和火灾应急计划的更新。此外，加强关于远离火灾和珍爱生命的宣传工作同样重要，以构建一个安全、有序的学习和生活环境，确保师生的安全和校园的和谐稳定。

二、学校发生火灾的原因和类型

（一）学校发生火灾的主要原因

火灾是一种严重威胁公共安全、危害人民生命财产的灾难，它能给人们带来毁灭性的后果。随着我国教育事业的快速发展，以及学校扩招政策的实施，各高等院校进行了大规模的扩建，师生人数激增，学校建筑功能变得更为复杂。这些因素共同导致了火灾事故的频繁发生，严重威胁到广大师生的生命和财产安全。分析校园内与学生相关的火灾案例，可以发现"人为因素"几乎是所有火灾事故的根源。其主要表现在以下几方面：

1. 消防安全意识淡薄

在教育环境中，存在一小部分学生对火灾的个人责任感持怀疑态度，他们认为自己不可能成为火灾的受害者，因此常常带有一种错误的侥幸心理。这种观念导致他们在面对消防安全教育时，往往表现出漫不经心的态度，即使面对悲惨的火灾案例和图片展示，也无法在思想上引起应有的重视。此外，一些学生错误地将学习成绩视为最重要的事项而忽略了生活安全的教育，特别是消防安全的学习；还有些学生认为消防安全管理仅是校方和相关部门的责任，认为这与个人无关，从而忽视了自己在火灾预防中应承担的责任。

（1）违反学校安全管理制度。在学生宿舍中，由于线路设计仅适应日常照明和低功率电器使用，一些学生出于便利或节省考虑，经常违规使用高功率电器，如电饭锅、快速加热器（"热得快"）、电吹风等。这种行为可导致电线过载和发热，增加发生火灾的风险。例如，2023年12月，××学校的18号楼6层一宿舍因一名学生使用"热得快"因水烧干而发生火灾。此次火灾经消防员经过40多分钟的扑救，成功将大火扑

灭，但已造成4张床和相应床上用品的损毁。

此外，随着电脑和饮水机等电子产品和电器的普及，一些学生私自乱拉乱接电源线，这不仅增加了线路的负担，还可能由于长期超负荷使用导致线路绝缘老化，极大增加了火灾的发生概率。

（2）胡乱丢弃烟头。烟头的温度极高，其表面温度可达200～300℃，中心温度更是高达700～800℃，远超棉、麻、毛织物、纸张和家具等可燃物的燃点。尽管如此，许多学生对烟头的潜在危险认识不足，常因随意丢弃烟头而引发火灾。例如，2024年3月，××学校的1号男生宿舍楼302室就因为烟头而引发火灾。事故是这样发生的：一名男生早晨起床后点燃烟却因赶去上课而匆忙离开，将燃烧中的烟头遗忘在床头架上。未被及时熄灭的烟头最终掉落到被子上，并在无人注意的情况下燃烧起来，最终导致火灾发生。

（3）随意焚烧杂物。使用明火是火灾发生的一个主要原因。明火本质上是一个正在进行的燃烧过程，一旦失控，很快就会演变成火灾。尽管这个道理很简单，但许多学生仍然忽视其危险性，甚至在宿舍内随意焚烧废弃物。这种行为不仅会对自身安全构成威胁，还可能对周围人造成伤害。例如，当学生在未设防的环境中使用明火，如未采取适当的安全措施即在宿舍内点火，这种行为极易引发火灾。火灾一旦发生，不仅能迅速烧毁周围的可燃物，还可能因火势蔓延而影响更大的区域，造成更严重的伤害和损失。因此，强化火灾预防的教育和认识是至关重要的，特别是在教育学生关于火灾风险和安全措施的重要性方面，学校应该采取更为积极的措施，确保学生了解并遵守安全规定，以防止此类事故发生。

（4）随意点燃蚊香。蚊香由于其阴燃特性，虽然在燃烧时不产生明显火焰，但其中心温度可高达700℃，这一温度远超过许多可燃物的燃点。因此，即便是点燃的蚊香看似安全，可一旦与可燃物（如纸张、布料、木材等）接触，便极有可能引发火灾。由于蚊香能长时间持续燃烧，它在无人监控的情况下尤其危险。例如，在室内使用蚊香时，如果将其放置在易燃物附近，或因蚊香架不稳固而导致蚊香倾倒，都可能使燃烧的蚊香与可燃物接触，从而引起火灾。因此，使用蚊香时必须采取适当的安全措施，如确保将蚊香放置在防火的表面上，并远离任何易燃物品。同时，不应在睡觉或离家时点燃蚊香，确保任何时候都有人能够监控其燃烧状态，以预防火灾的发生。

（5）违规使用蜡烛。蜡烛，作为一种便携式的火源，使用时需格外小心。它的危险在于，一旦蜡烛烧融或倒下，其蜡油可流淌到附近的可燃物上，或者直接与可燃物接触，极易引发火灾。正因如此，许多学校出于安全考虑已明确禁止在宿舍内使用蜡烛。然而，仍有部分学生忽视这一规定，执意在宿舍中使用蜡烛，从而导致严重后果。例如，2023年5月，湖南××学校一起火灾事故就是由一名女生在宿舍床上使用蜡烛而引起的。该学生在夜间熄灯后，在床上点燃蜡烛阅读，但因疲劳过度而在未熄灭蜡烛的情况下入睡。蜡烛继续燃烧并最终点燃了蚊帐，迅速引发了火灾。

（6）违反实验室操作规程。在实验室环境中，正确遵守操作规程对于预防火灾至关重要。使用火、电以及危险化学物品时的不规范操作，都极易引发火灾。例如，如果实验设备的散热孔被物品覆盖，会阻碍设备的正常散热，导致设备过热甚至燃烧。此外，使用明火进行实验时，如果周围未清理干净，火星可能飞溅到可燃物上，从而引发火灾。在化学实验中，错误地混合反应性强的化学试剂，或者在实验过程中温度控制不当，同样会导致火灾。

2. 消防基本知识匮乏

不了解电气安全和灭火常识是导致火灾风险增加的关键因素。首先，许多学生缺乏基本的电气知识，这往往会导致错误操作和不当使用电气设备，从而引发火灾。常见的错误操作包括使用铜丝代替保险丝、将照明灯放置得离蚊帐过近，以及长时间不间断地使用充电器。这些行为都极大地增加了发生火灾的风险。其次，不了解灭火常识也是导致火灾风险增加的关键因素之一。在火灾初起阶段，火势相对较小，此时进行灭火是最为有效的。然而，部分学生由于平时忽视对消防知识的学习，一旦遇到火灾，往往不知所措，错失灭火的最佳时机，导致火势蔓延，结果演变成更大的灾难。

（二）学校常见的火灾类型

根据火灾发生的原因不同，学校火灾可分为生活火灾、电气火灾、自然现象火灾和人为纵火四种。

1. 生活火灾

生活用火包括炊事、取暖、照明、点蚊香、吸烟、烧荒、燃放烟花爆竹等。由于学生普遍缺乏消防安全知识，加上违章用火行为频发，生活火灾在校园中非常常见。据统计，这类火灾占校园火灾总数的70%以上。这类火灾通常是可以预防的，要求学生必须认识到生活用火的潜在危险，并学习基本的自我保护和应急救援技能。

2. 电气火灾

随着现代学生使用电子设备的增加，电气火灾的风险也随之上升。学生宿舍常见的电子设备包括电脑、台灯、充电器和电吹风等。由于宿舍中电源插座数量有限，学生往往为了方便使用，不规范地私拉乱接电线，这不仅违反了安全规范，也极易引起短路、断路以及插座接点过载等问题，从而增加了发生电气火灾的风险。

3. 自然现象火灾

自然现象火灾虽不常见，但其危害性不容忽视，主要包括雷击火灾和物质的自燃两种形式。

（1）雷击火灾。雷击火灾是自然界中较常见的现象，尤其在雷雨频发的地区。当带电的雷云与地面的电势差达到一定程度时，雷电会通过空气放电至地面，可能击中建筑物或其他突出物体。这种放电过程中的高电压和巨大能量释放足以引燃物质，造成火灾。雷击不仅会通过热效应直接引发火灾，还可能通过机械效应摧毁建筑结构，甚至通过电冲击波损坏电气设施。预防雷击火灾的措施包括安装高效的防雷系统，并定期进行维护检查，确保其良好运行。

（2）自燃火灾。自燃火灾通常发生在特定物质自行发热达到燃点的情况下。这类物质包括易与水反应的碱金属（如钾和钠）、自发热的化学品以及可能因生物降解或氧化而积热的有机物质（如湿柴草和沾油的化纤物品）。自燃火灾的预防需要科学管理这些物质，例如妥善存储、控制环境温湿度、定期检查以及使用专用的防火容器和设施。

4. 人为纵火

人为纵火是一种故意的犯罪行为，通常由个人或团体出于毁灭证据、报复或其他恶意目的引发。这种火灾的后果极其严重，不仅会造成财产损失，还可能导致人员伤亡。防止人为纵火需要加强夜间安全巡逻、安装监控摄像头以及提高公众对于火灾预防和应对措施的意识。

三、学校火灾的预防

（一）学校易发生火灾的场所及预防

防止发生火灾的关键，是做好火灾的预防。学生应了解学校易发生火灾的部位，并掌握相关的防火常识。

1. 学生宿舍防火

学生宿舍作为中职学校内防火安全的关键区域，需重点关注并了解适当的防火措施。宿舍区因人员密集且存有大量可燃物品，如书籍、被褥、行李等，特别容易成为火灾的高风险区域。此外，学生可能因使用电器、吸烟或甚至使用明火做饭等而增加了火灾的潜在风险。为此，每位学生都需要培养防火意识，并严格遵守消防规定，同时可采取以下措施以预防火灾：

（1）避免私自乱拉乱接电源线路，不让电线接触到金属床架或穿过可燃物，确保接线板不被可燃物覆盖，以防电线短路引发火灾。

（2）不使用大功率电器，如电热炉和快速加热装置（"热得快"）。

（3）使用电器时应有专人看管，离开时必须切断电源。

（4）避免使用明火进行照明，不用易燃物作为灯罩，确保床头灯符合安全标准。

（5）不在床上吸烟，不在宿舍内乱扔烟头或火种。

（6）不在室内燃烧杂物或燃放烟花爆竹。

（7）不在宿舍内存放或使用易燃易爆物品。

（8）不在宿舍内做饭。

（9）避免使用假冒伪劣电器。

2. 教室防火

教室火灾具有潜在的高风险性，一旦发生，可能导致重大的财产损失和人员伤亡。因此，中职学校特别强调教室的防火安全，要求学生严格遵守规章制度，并树立"安全第一"的意识。为了有效预防教室火灾，学生和教师需采取以下措施：

（1）服从管理：严格按照教师的安排行动，遵守学校纪律，避免在教室内玩耍、打闹，以防意外破坏设备引发火灾。

（2）设备使用：禁止操作与教学无关的电热设备等可能引发火灾的器材。

（3）携带物品：不携带任何火种及与学习无关的易燃易爆物品进入教室，以减少火灾风险。

（4）外来人员：禁止未经允许的闲杂人员进入教室，防止因外人的违规操作而可能引起火灾。

（5）禁止居住：严禁在教室居住或使用任何形式的明火，特别是严禁燃放烟花爆竹。

（6）电器安全：确保电器设备使用和保管正确，避免将正在使用的电器放置于可燃物附近。

（7）用电规范：遵守教室的用电制度，确保所有电器安装和用电操作符合国家的安全规范。

（8）警觉意识：每位师生都应保持高度警觉，加强火灾预防意识。一旦发生火灾，应立即采取扑救措施并报警，以防火势蔓延。

3. 公共场所防火

随着学校的扩招和设施增建，教室、餐厅、图书馆等公共场所人流密集，火灾风险也随之增加。在这些地方，由于人员众多且流动频繁，加上管理相对松散、部分师生防火意识薄弱、室内装修中使用了大量可燃材料、电力消耗大以及使用高强度照明设备等因素，极大地增加了发生火灾的可能性。一旦发生火灾，容易造成严重的人员伤亡，甚至群死群伤。

为了有效预防和应对这些公共场所可能出现的火灾，每个人都应采取以下措施：

（1）提高警觉：清醒地认识到公共场所的火灾危险性，并时刻保持警觉。

（2）遵守规定：严格按照公共场所的防火规定行事，避免任何可能增加火灾风险的行为。

（3）了解环境：进入任何公共场所时，应首先了解该场所的具体布局，特别是熟悉防火逃生通道的位置，以便在火灾发生时能迅速逃生。

（4）及时应对：善于及时发现并准确判断初起火灾，对于能够扑灭的小火及时进行处理，对于已形成蔓延的火势，应立即逃生。

（5）互助救援：培养见义勇为的精神，在火灾发生时，帮助受伤或困难的人员迅速撤离危险区域。

4. 树林、草坪防火

校园内的绿化区域（如树林和草坪）不仅可以美化环境和净化空气，还具有防风固沙、涵养水源、调节气候和维持生态平衡等重要功能。然而，某些树种，如油松、侧柏、落叶松和桦树的树皮含有易燃的油脂，这使得它们在发生火灾时能迅速助长火势的蔓延，常常造成巨大的损失。

因此，在树林或草坪等区域，防火安全尤为重要。必须严格遵守消防法规，禁止使用任何形式的明火，包括不在这些区域吸烟。防止火灾不仅是保护个人和社会安全的需求，也直接关系到学校运行的稳定性。一旦校园发生火灾，不仅会干扰学校的日常教学和科研活动，还会给师生带来极大的不便和困难。新生应该从入学第一天起就树立起强烈的防火意识，认识到"从我做起，从现在做起"的重要性。

（二）发生火灾时如何自救

发生火灾时，学生要做到头脑冷静，不要慌乱，要选择最佳的疏散方法进行逃生自救。

1. 正确迅速拨打119火警电话

在发生火灾时，迅速而有效的响应至关重要。下面是拨打119火警电话时需要遵循的步骤。

（1）保持冷静。在拨打119火警电话时，应保持冷静，等待接警人员接听并开始提问后，再详细报告火情。

（2）详细报告火情。清楚地提供火灾发生的具体位置（单位名称和详细地址）、着火区域、着火物质类型、火势的大小、是否有人被困以及报警人的姓名和联系电话等重要信息。

（3）有序回答问题。根据接警人员的提问，有序地、如实地回答问题，避免因惊慌失措而提供错误或不完整的信息。

（4）指引消防车辆。在接警人员确认报警信息后，可以挂断电话，并应立即前往关键路口或易于辨认的地点等候，帮助消防车辆快速准确地找到火灾现场。

（5）同时报告给学校。在向119消防部门报警的同时，也应立即通知学校保卫处和校园110报警服务中心，这样可以启动学校内部的应急响应，组织安全保卫人员和义务消防队参与初期的火灾扑救。

2. 争取时间尽快脱离现场

（1）快速逃生。一旦发生火灾，应迅速判断并选择远离火源的逃生路线。避免使用电梯，优先选择楼梯或安全出口。

（2）低姿逃生。如果逃生途中遇到浓烟，应该用湿布或衣物捂住口鼻，尽量降低身体高度，采用爬行的方式前进。这是因为烟雾中的有毒气体较轻，会在空间的上部聚集，低处的空气相对清新。

（3）应对衣物着火。如果衣服被火焰点燃，绝对不要奔跑或惊慌失措，因为这会使火势加剧。应立即在地上翻滚，使用厚重衣物覆盖，或寻找水源迅速灭火，以尽快熄灭明火。

3. 选择通道，果断逃离

（1）火势较小时的快速逃生：如果楼梯上的火势并不猛烈，可以将用水浸湿的衣物、被单或其他厚重布料披在身上，帮助防护热量和火花，快速从楼上冲下楼梯。

（2）火势较大时的替代逃生方法：如果火势太猛，无法安全通过楼梯，可以利用绳子或将床单撕成条连接成绳，将一端固定在牢固的物体上（如暖气管道），然后从窗口顺着绳子滑至安全地带。

（3）高危紧急逃生：对于二层或三层建筑，如果火灾威胁生命安全，可以将床垫、被褥等柔软物品从窗户扔到地面，用以缓冲落地时的冲击。然后尽量利用窗台等减少高度，保证脚先落地，以减轻受伤的风险。

（4）避免使用电梯：在火灾中绝对不要使用电梯逃生，因为火灾可能导致电力中断，使用电梯有被困住的风险。

4. 争取时间，等待救援

（1）退回居室并封锁门窗：快速退回到你的房间，紧闭所有的门窗。使用湿润的被子或大件布料将门缝封堵紧密，这有助于阻挡烟雾进入居室。

（2）持续浇水：如果条件允许，应不断向门和墙壁浇水，以降低室内温度并延缓火势的蔓延。

（3）个人防护：使用湿毛巾或湿布捂住口鼻，这有助于过滤烟雾中的有害气体，减少毒烟的吸入。

（4）呼救和联系外界：尽可能向外呼救以引起注意，可以通过窗户对外呼喊或挥动明显的物品，如衣物等。同时，使用电话联系消防部门等，报告你的具体位置和情况。

5. 学会使用灭火设备

灭火器的正确使用方法如下。

（1）准备灭火器：首先，握住灭火器的把手，将灭火器提起。拔掉把手处的保险销，以解锁灭火器。站在距离火源约3米远的地方，并确保自己处于上风口位置，从而避免烟雾和有害气体吹向操作人员。

（2）站立姿势：保持站在上风口的方向。一只手提着灭火器的顶部把手，另一只手托住灭火器的底部，稳定灭火器的位置。

（3）对准火源：将灭火器的喷头对准火源根部，确保喷射方向正确。用力按下灭火器把手处的交叉按压装置，持续喷射灭火剂，直到火焰完全熄灭。灭火器的使用方法如图 3-3 所示。

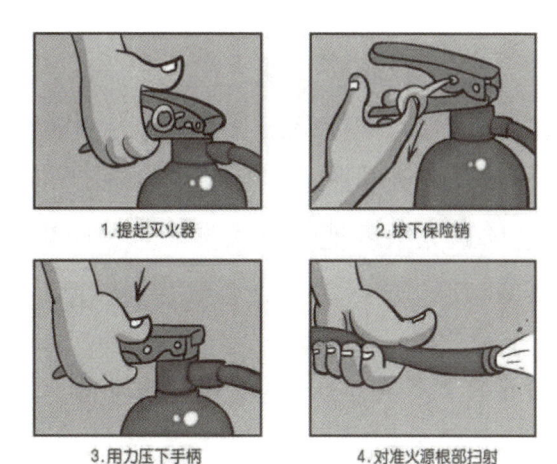

图 3-3 灭火器的使用方法

室内消火栓的使用方法如下。

（1）打开消火栓箱：迅速打开消火栓箱门。

（2）连接水带与水枪：将水带从消火栓箱内取出，将一端与水枪连接牢固。

（3）连接水带与消火栓接口：将水带的另一端与消火栓接口连接好，确保接头牢固，不漏水。

（4）启动消防泵（如果适用）：如果消火栓箱内或附近有消防泵按钮，按下按钮以启动消防泵，提高水压。

（5）开启消火栓阀门：逆时针方向旋转消火栓手轮，逐步打开消火栓阀门，让水流出。

（6）灭火操作：将水枪对准火点，开始喷水灭火，注意站在上风口，以避免烟雾和火焰的伤害，室内消火栓的使用方法如图 3-4 所示。

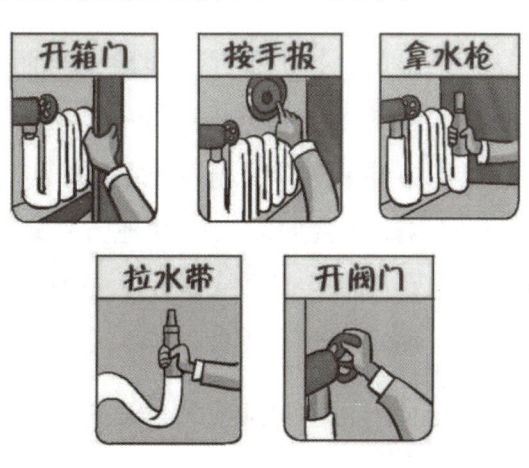

图 3-4 室内消火栓的使用方法

四、公共场所发生火灾时的逃生策略

公共场所通常空间较大，用电设备多，着火源也较多，因此一旦发生火灾，火势往往蔓延迅速，扑救难度较大。此外，由于这些场所的安全出口通常有限，而人员密集度高，火灾一旦发生，极易导致大量人员伤亡。因此，必须严格明确公共场所建筑的防火要求，以确保火灾发生时能够最大限度地保护人员安全，减少损失。

（一）公共娱乐场所发生火灾时的逃生策略

（1）保持镇定并报警：保持冷静，立即报警并通知相关人员，同时迅速寻找最近的安全出口进行逃生。

（2）防护呼吸道：使用打湿的毛巾或其他布料捂住口鼻，防止吸入有毒烟雾，并尽量采取低姿行走或爬行，以避开浓烟。

（3）避免大声呼喊：娱乐场所的装饰材料在燃烧时会释放大量有毒气体，应避免大声呼喊，以免吸入更多有害气体。

（4）理智应对逃生：在逃生时，不要盲目跟随人群，应灵活应变，寻找新的通道，确保自己能顺利脱离险境。

（二）商场发生火灾时的逃生策略

在商场发生火灾时，保持冷静并避免以下四种常见的错误行为至关重要。

（1）慌乱：火灾发生时，人们常因惊慌而失去理智，乱跑乱叫，导致整个局面更加混乱。此时的慌乱不仅干扰正常思维，还可能引发更严重的混乱局面，使得逃生更加困难。

（2）盲目从众：在紧急情况下，人们容易失去判断力，跟随人群行动。然而，盲目从众可能导致人员集中在某个出口，造成拥挤和危险，反而不利于迅速逃生和疏散。

（3）主观臆断：在不清楚火势或不熟悉逃生路线的情况下，凭主观臆断自行行动，忽略火场工作人员的指挥，可能会导致进入更危险的区域，增加逃生难度。

（4）往光亮处逃生：人们本能地会向有光亮的地方移动，但在火灾中必须谨慎辨别光源。如果光亮来自火源方向，反而会导致走向更大的危险。应优先选择通向安全疏散通道的光亮，确保逃生方向正确。

（三）酒店宾馆发生火灾时的逃生策略

（1）初期灭火与报警：火灾初起时，尽可能尝试灭火，并立即呼救报警。

（2）撤离时关闭门窗：在撤离大楼时，随手关闭房门，尤其是防火门，这有助于阻止火势蔓延。

（3）判断门外火势：若火灾不在自己的房间内，先用手触摸门把手，如果温度过高，切勿开门；如果温度正常，用脚抵住门的下方，缓慢打开一条门缝观察外面情况，火势较小时，立即逃离。

（4）避免使用电梯：外逃时，应顺着楼梯逃生或前往避难层，绝对不要乘坐电梯，以防电梯故障导致被困。

（5）楼梯冒烟时的应对：如果发现下层楼梯冒烟，不要往下走，可以向上逃生或跑到天台、阳台等安全地点等待救援。

（6）同层火灾的应对：如果发现本层起火，应迅速用湿棉被覆盖身体，跑向紧急疏散口，同时顺手关上防火门，或逃往下层楼梯。

（7）被困室内时的措施：如果浓烟封闭了通道，应立即关闭门窗，并打开所有水龙头，将房门、窗户、棉被、床单、衣物等打湿，向外发出求救信号，耐心等待救援。

（8）避免藏匿危险位置：在室内时，切勿躲在阁楼、床底或衣橱等隐蔽处，应尽量靠近窗户、阳台或墙壁，以利于被救援人员发现。

（9）自制绳索逃生：如果无法得到救援，可以将床单、被单打结成绳索，从窗户下滑逃生，或顺着水管逃生。

（10）逃生时的方向选择：逃生时避免盲目跟随他人，需辨明光亮是日光还是火光，确定安全的逃生方向。

（四）困在电梯里的自救策略

（1）保持镇定：切勿惊慌，不要乱动，也不要尝试自行爬出电梯、爬出电梯天花板或强行推开电梯门将会导致危险。

（2）联系外界：使用电梯内的警铃或对讲机联系管理人员，如果设备失灵，可以脱下鞋子拍打电梯门，发出声响引起外界注意。

（3）手机求助：如果手机有信号，立即拨打119，向消防人员求助。

（4）等待救援：保持耐心，注意倾听外部的动静，一旦发现有人经过，立即呼救或拍打电梯，确保外界知道你的具体位置。

安全教育

延伸阅读

火灾逃生"四不要"

（1）不要沿原路逃生。火灾发生时，人们通常会选择沿着进来的出入口或楼道逃生。然而，如果原路已被封锁，这样的选择会错失最佳逃生时间。因此，应寻找其他可用的安全通道逃生。

（2）不要向光亮处逃生。在火灾中，人们本能地向光亮处逃跑，但火场中的光亮往往是火焰所在的地方。选择这种方向可能会将自己引向更危险的区域。

（3）不要盲目跟随他人逃生。在慌乱中，盲目跟随他人的逃生行为可能会导致危险，如跳窗、跳楼，或逃进死胡同，如厕所、浴室或门角。这些地方往往并不是安全的避难所。

（4）不要盲目从高处往低处逃生。特别是在高层建筑中，很多人习惯性地认为只有尽快逃到一层才安全，但如果楼下已被火海包围，这种选择可能会更加危险，而应考虑向楼顶或其他安全避难层逃生。

溺水的自救与施救

单元三　预防溺水

每年夏季，总会有一些令人痛心的消息。炎炎夏日，清凉的水无疑充满了诱惑，但水中也隐藏着极大的安全风险。根据卫健委数据显示，我国每年平均有 57 000 人因溺水而失去生命，相当于每天有 150 多人因此丧命。

生命是无比珍贵的，每个人的生命都只有一次，它不像财富可以失而复得，也不像草木能够周而复始。我们的人生才刚刚开始，不要让生命之花还未绽放就凋谢，也不要让幼苗在茁壮成长之前就夭折。因此，学校应当根据学生不同年龄段的认知能力、心理和生理特点，开展防范溺水教育，帮助学生掌握游泳知识，从而尽量减少溺水事故的发生。

一、溺水的概念

溺水，通常发生在游泳或失足落水时，是一种严重的意外伤害，往往在短时间内就会导致严重后果，包括呼吸和心跳的停止。在夏季，尤其是暑假期间，人们喜欢到江河、水库、水塘等地游泳，这无疑增加了溺水事故的风险。特别是青少年，由于缺乏足够的安全意识和游泳技能，更容易发生溺水事故。

溺水事故发生时，受害者因在水中挣扎而导致少量水进入呼吸道和消化道，此时虽然可能仍保持意识，但由于缺氧，体内缺乏协调动作。一旦重新尝试呼吸，水分进入肺部会引起呛咳，同时由于胃部反射性的呕吐，呕吐物可能进入气管造成进一步窒息。随着时间的推移，溺水者的意识会逐渐模糊，最终可能出现昏迷或呼吸停止的情况，如果不及时得到有效救援，很快会导致死亡。

例如，2024年6月7日在安徽省发生的一起溺水事故，七名中职学生在河中玩耍时发生悲剧。由于河水较深且流速急，四名女生在过河时被水冲走，最终只有两人获救，一人不幸溺水死亡。

二、预防溺水

为防止溺水应注意以下事项：

（1）避免私自玩耍：不要在海边、河边、湖边等水域边缘私自玩耍或追赶，以防滑入水中。

（2）游泳安全：严禁未经允许独自下水游泳。中小学生在游泳时必须有成人陪同，并应佩戴救生圈。

（3）钓鱼警告：禁止私自去水边钓鱼，尤其在水边泥土松散或有苔藓的地方，这些地方湿滑，会增加摔伤或溺水的风险。

（4）划船规则：在公园划船或乘船时，要坐稳，不在船上奔跑或在船舷边洗手脚。乘坐小船时避免摇晃船只或超重，以免船只倾覆或下沉。

（5）遵循指示：在船上遇到紧急情况时，保持镇静并听从船员指挥，避免慌乱跳水。

（6）恶劣天气避免出航：在大风、大雨、大浪或雾气浓重的天气下，应避免乘船或在水上活动。

（7）憋气限制：在水中不要长时间憋气，以防缺氧。

（8）呼救技巧：若不慎滑入水中，应尽量保持冷静，吸足气，拍打水面并大声呼救。

（9）接受救援：如果有人来救助时，应放松身体，让救援者托住你的腰部开展救援。

（10）物品落水处理：若心爱的物品不慎落水，不要自行尝试打捞，应寻求成人帮助。

三、溺水自救

游泳爱好者在水中活动时，可能面临如肌肉抽筋、意外沉没或呛水等多种紧急情况。为了有效应对这些情况，必须要掌握自救方法。

（一）抽筋自救法

遭遇抽筋时，关键是保持冷静，迅速停止一切游泳动作，采取仰面漂浮的姿势以稳定呼吸。对于小腿抽筋，可以采用仰卧姿势，用一只手拉伸抽筋腿的脚趾向上，同时利用另一条腿踩水和另一手的划水帮助身体上浮，多次重复直至缓解。

（二）水草缠身自救法

在野外水域游泳时，如不慎被水草或渔网缠绕，应保持镇定，避免盲目挣扎以免情况更加复杂。可以采用仰泳姿势，尝试按原路返回或者缓慢地将水草从四肢中捋下。如果无法自行解脱，应立即呼救。

（三）身陷漩涡自救法

在遇到水中漩涡时，观察水面的漂浮物是早期识别的关键。一旦接近旋涡，不要尝试踩水或潜水逃避，而是应保持身体平卧在水面，迅速沿着旋涡边缘游出，以免被卷入其中。

四、溺水救援

在进行溺水救援时，应对情况进行准确评估，因为溺水者常因恐慌而无意识地抓住任何所接触到的对象，包括救援者，这可能导致双方均处于危险之中。因此，建议非专业救援人员在尝试救援之前，先寻找其他方法将溺水者拉至安全区域，如使用绳索、救生圈等工具。只有在无其他选项且具备救生技能的情况下，才考虑下水救援，并应先做好充分的心理准备，理解游泳能力与救援技能之间的差异，以防救援过程中出现意外，增加安全风险。

（一）救援方式

在应对溺水救援时，安全和正确的方法至关重要。首先，利用可用的救援工具，如救生圈或长竿来帮助溺水者。如果没有专业救援设备，可以使用树枝或矿泉水瓶作为临时救援工具，必要时可将这些物品抛向溺水者提供支持。

在准备下水救援之前，使用一块足够长的布或毛巾，让溺水者抓住一端，救援者控制另一端，从而安全地将其拉向岸边。这样做可以避免溺水者在恐慌中直接抓住救援者，以致影响施救。

如果必须亲自下水救援，尽量从溺水者背后接近，用手臂托住其下巴并使头部保持向后仰，然后用肘部固定溺水者肩部，采用仰泳的方式将其拖回岸边。在整个救援过程中应保持冷静，有效地执行救援操作至关重要，同时大声呼叫求助或拨打紧急电话，确保有更多救援力量在紧急情况下到达现场。

（二）溺水的急救

当溺水者被救上岸后，迅速而正确的急救措施至关重要，这些步骤可以显著提高生存率。首先，应该清除溺水者口鼻中的异物，比如泥沙、杂草、痰涕等，确保呼吸道畅通。如果溺水者有活动义齿，也应取下。

接下来，进行控水处理以帮助其排除体内积水。可以将溺水者放在斜坡上俯卧或用衣物垫高其腹部，让头部向下以便水流出。或者，救护人员可以采取一腿跪下、一腿屈膝的姿势，将溺水者横放在屈曲的膝上，使其头部低垂，并轻轻拍打其背部。需要注意的是，不要过度强调控水，因为大多数溺水者呈现的"假死"状态是因为少量水进入气管，导致呼吸和心脏功能暂时停止。

如果溺水者已经停止呼吸，应立即进行心肺复苏。首先要清除口鼻异物，可能需要用毛巾或手绢包住溺水者的舌头并将其拉出，然后在确保呼吸道畅通的情况下迅速进行人工呼吸和胸外心脏按压。

在进行这些救护措施的同时，应安排其他人立即拨打急救电话或寻求过往车辆的帮助，将溺水者尽快送往医院。

延伸阅读

"溺水"知识小课堂

许多人对溺水和施救都存在一些常见的误区，但事实真相可能完全不一样。关于溺水的这些误区，请提前注意预防。

误区1：溺水只发生在野外？

真相：只要有水的地方，就有可能发生溺水。游泳池、家里的浴缸和水池等，都是孩子溺水的"隐形杀手"。未成年人在水边玩耍时，监护人应时刻将孩子置于自己的视线范围内，不可疏忽大意。

误区2：只要水面平静，下水就不会有危险？

真相：实际上，水底情况很复杂，特别是水库、池塘、河流等野外水域，暗流、暗礁、水草、沟壑等每一项都可能给人造成生命危险。

误区3：溺水后都会瞎扑腾并大声呼救？

真相：真正的溺水是快速而无声的。溺水时，溺水者的手臂忙着划水，很难伸出水面；鼻子、嘴巴时浮时沉，想呼救也很难发出声音。

如果发现孩子在水中身体半直立，头顶露在水面上，面部浸在水面下，不伸手呼叫，但也无挣扎，请务必提高警惕！

误区4：只要会游泳，就能下水救人？

真相：溺水者出于求生的本能可能会死死抓住任何东西。因缺乏救援经验，热心群众贸然下水救援反被拖入水中的惨剧时有发生。非受过专业训练或者经验丰富者，切忌下水救人，应尽量使用长竿、漂浮物等工具实施救援。

误区5：手拉手就能救起溺水者？

真相：结成"人链"后，一旦有人因体力不支而打破"平衡"，就会让多人落水，导致群死事件。

尤其是未成年人不具备直接救人的能力，切勿盲目施救。

单元四　防范性侵害

校园内发生的性骚扰与性侵害事件严重侵害了学生的权益，社会各界必须高度关注。这些事件不仅严重侵犯了学生的身心健康和人格尊严，给受害者及其家庭带来了长期的心理和情感创伤，还对社会稳定构成威胁。事实表明，学生普遍的依赖性和较弱的应对能力使他们容易成为性侵害的目标。此外，学生对于安全防范的意识不足也是发生校园性侵害案件的一个重要原因。因此，加强学生的自我保护意识教育，建立健全的预防和应对机制，以及全社会的监督和介入，是解决这一问题的关键措施。

一、如何摆脱异性纠缠

面对性骚扰，中职生应采取坚决和有效的措施来保护自己的安全和尊严。了解如何避免成为性骚扰的目标及识别可能的危险环境是初步的防御步骤。在遭遇性骚扰时，关键是确认并表达自己的不适感。无论对方的意图如何，中职生都应清楚地让对方知道这种行为是不可接受的。可以通过直接大声说"不"来拒绝，或在必要时采取身体反抗，以及寻求周围人的帮助。中职生提高自我保护的意识和能力，以及学校和社会的支持，都是共同构建安全学习环境的重要组成部分。

（一）态度明朗

如果你没有恋爱的意愿，面对异性单方面的追求，应直截了当地拒绝，避免给对方留下任何希望。如果曾与对方是恋人的关系，也需要冷静评估双方是否有可能和好如初，如果结果是否定的，同样需要清楚地表达出来，让对方不再抱有不切实际的期待。

（二）遵守恋爱道德，讲究文明礼貌

拒绝别人时应坚持恋爱道德和文明礼貌的原则，这包括耐心解释拒绝的原因，尊重对方的人格，避免公开对方的隐私或以不恰当的方式伤害对方的尊严。

（三）要正常相处，但要节制往来

即使恋爱未能成功，仍可以维持正常的社交关系。作为同学或朋友，应避免因感情问题而结怨，同时，控制私下的交往，避免让对方陷入过去的回忆和伤感中，帮助其尽快从失恋的阴影中恢复过来。

（四）遇到困难，要依靠组织

在处理感情纠纷时，若自行沟通效果有限且面临对方的持续纠缠或报复行为，就应及时寻求组织或权威的帮助。在这种情况下，中职生应该向老师说明情况，借助学校的力量来妥善处理，确保自身的安全和事态的正确解决。

（五）要自爱自重

在日常生活和交往中，应注重自尊自爱，避免在与他人的互动中索取不当的利益，

如钱财或其他物品。同时，应表现出得体的举止，控制对异性的非理性冲动，以减少可能引发的误解或不当的期待。

二、预防性侵害的措施

面对性侵害等严重侵权行为，学生应当积极采取法律手段进行应对。在发生侵害事件时，首先要勇敢地站出来，不应忍气吞声或退让。在孤立无援或看似无计可施的情况下，应立即向校园保卫部门报告或直接向公安机关报警。通过法律途径制裁犯罪行为，可以有效防止不法分子的进一步侵害。此外，重要的是要清醒认识到，那些侵犯他人权益的不法分子往往会恃强凌弱，采取各种卑鄙手段来达到自己的目的。

（一）在思想上树立防范性侵害意识

在社会中，女性特别容易成为性侵害的目标。因此，无论是在校内还是校外的活动中，女生应对任何异常情况，如时间、地点、参与人员和活动性质等保持警惕。增强自我保护意识，对潜在的危险信号能够及时作出反应，是预防性侵害的关键。例如，在社交场合应对任何带有性暗示的言语或行为表现出坚决排斥的态度，这可以及时阻止不当行为的发展，保护自己免受性侵害。此外，以下几方面也是女性保护自身安全的重要措施。

（1）对于他人赠送的饮料或食物要保持警惕，防止其中添加不当的药物。

（2）避免与行为可疑或声誉不佳的人士交往，谨防被其影响或直接被侵害。

（3）面对任何形式的性挑逗或不恰当行为，应立即明确反对，并在必要时寻求警方帮助。

（4）避免独自前往异性的私人空间，如有必要访问，应有同伴陪同，确保安全。

（5）控制与异性的社交活动，尤其是避免在饮酒后与异性独处，以减少潜在风险。

（二）被人跟踪时，不要惊慌

被人跟踪时，可以迅速走向附近商店、繁华热闹的街道等，还可以就近进入居民区，求得帮助，遇到他人可以大声叫叔叔、阿姨，让犯罪分子认为你遇到了熟人，进而因为害怕而放弃继续跟踪。不要一个人走在黑暗、偏僻的地段，以免给犯罪分子可乘之机。

（三）时刻注意保护自己

外出时，特别是乘坐公共交通工具时，遭遇故意抚摸或擦蹭的人员，要立即大声斥责，引起公众注意，不要隐忍不语。不要搭乘陌生异性的车辆。

对于那些失去理智、纠缠不清的无赖或违法犯罪分子，要及时向老师和公安机关报告，学会依靠组织和运用法律武器来保护自己。

如果受到性侵害，要尽快告诉家长或报警，切不可因害羞、胆怯而延误时间丧失证据，从而让罪犯逍遥法外。

（四）在观察中谨慎结交新朋友

在与同学、老乡、朋友以及网友的交往中，维护个人安全是至关重要的。首先，应仔细观察对方的交往目的，注意其日常言行中体现出的人品和道德修养。若发现对方有过分亲昵或挑逗的行为，应及时并果断地终止来往。在社交过程中，应保持警觉，不轻信对方的甜言蜜语，避免与刚认识的朋友单独前往不熟悉的地点。同时，控制个人情绪，保持适当的行为举止，不在公共场合表现轻浮。在约会时选择公共且人多的地方，避免前往偏僻或人烟稀少的地方。限制饮酒量，对于过度的馈赠持谨慎态度，并对不当言行持反对立场。在网络交友方面，应格外小心。在不了解对方的情况下，建议使用虚拟的联系方式，如电子邮件或即时通信工具，并避免透露真实姓名、电话号码或住址等私人信息。若决定见面，应邀请信任的朋友同行，并提前告知家人或老师会见的详情。选择在人多的公共场所见面，绝不前往偏僻地点，不食用对方提供的食物或饮料。对于借用财物或前往不熟悉地点的请求，应予以婉拒。

（五）有选择地参加社会活动

学生在参加家教等兼职活动时，确实需要采取一系列谨慎措施以保证个人安全。首先，避免通过不正规的渠道，如街边小广告或个人推荐找家教工作，因为这些途径往往缺乏可靠的背景验证和安全保障。相反，通过学校或相关部门联系家教工作不仅更为安全，还能提供一定程度的法律和组织保护。在确定家教对象之前，应尽可能了解其基本信息，包括家庭背景、需求等。这不仅有助于评估工作环境，还可避免因信息不足而导致的潜在风险。此外，追求高报酬而忽略安全手续的做法极不可取。安全应当是选择兼职工作时的首要考虑因素。对于初次前往家教地点，建议与同学或朋友结伴而行，并事先将行程、地点和预计时间告知给可信赖的同学或老师。

三、易遭性侵害的场所

（一）校内

（1）公共场所：如厕所、教室、礼堂、舞池、溜冰场、游泳池、宿舍、实验室等。虽然这些是日常活动区域，但在人少或夜间可能成为危险区域。

（2）偏僻幽静地区：如空旷的操场、池边湖畔、假山土墩、亭台水榭、树林深处等。这些地方由于隐蔽性强和人迹罕至，容易成为不法行为的发生地。

（3）隐蔽小道与结构复杂区域：如偏僻小道、建筑物接合部、夹道小巷等，这些地方因视线受阻和逃脱困难而风险较高。

（二）校外

（1）自然与半自然区域：公园假山、树林内等自然环境，虽然风景优美但隐蔽性强，应避免单独前往。

（2）交通枢纽附近：在车站、码头等人流密集但又复杂的区域，应注意保管好个人物品，避免在夜间停留。

（3）照明不足的街区：没有路灯的街道、楼边、小巷等因光线不足而成为高风险区域。

（4）桥梁下方：大桥、立交桥下通常视线不佳且人迹罕至，应避免在此区域逗留。

（5）非居民区：单位的值班室、仓库、无人居住的小屋、陋室、茅棚等因人少和监管松懈易成为问题区。

（6）娱乐场所：影院、舞厅、酒吧等公共娱乐场所虽热闹但复杂，尤其在夜间，应小心交友和保管个人财物。

（三）夜间行路安全须知

（1）保持警惕：在校园内外行走时，应选择照明良好、人流较多的路线。对于路边的阴暗处和校外的陌生道路，应保持高度警戒，尽量避免走过。

（2）对待陌生人：当陌生人询问路线时，切勿亲自带路，尤其是向陌生男性询问路线时，不应让他引路。可以指明方向或提供口头指示，要保持距离。

（3）避免搭乘陌生车辆：不要接受陌生人提供的机动车、人力车或自行车搭乘机会，这可能是不法分子的诱饵。

（4）应对骚扰：遇到挑逗或其他不怀好意的行为，应立即斥责对方，展现自信和坚决的态度。如果情况恶化，应大声呼救以引起他人注意。如果四周无人，保持冷静是关键，可以使用随身物品或就地取材进行自卫，或尝试通过拖延时间等待救援。

延伸阅读

预防性侵害顺口溜

近年来，未成年人遭遇性侵害的案件时有发生，很多时候未成年人对于自己遭受的伤害茫然不知，或由于羞于启齿而隐瞒，这凸显出目前对未成年人的性教育还存在很多不足，加强未成年人的性教育和自我保护意识已经刻不容缓。下面是一些关于预防性侵害的小知识。

僻静处，莫逗留，要好伙伴一起走，若遇陌生人问路，只指方向不带路。
隐私处，莫碰触，他人如果硬要触，我要坚决地说"不"，赶紧远离危险处。
见网友，很凶险，只怕他人非等闲，可能不止赔点钱，还有更多的危险。
坏故事，莫要听，影响学习误青春，黄色书碟更莫看，不会分析会受骗。
见糖果，嘴莫谗，谨防此物有危险，不知不觉吃下了，身体可能要不好。
遇匪徒，打110，报警电话要记清，机智灵巧去周旋，歹徒被擒快人心。
遭性侵，莫伤心，坚决树立自信心，告诉老师父母亲，坏人受罚才安心。

模块实践

活动与训练

中职学校开展预防溺水的实训活动，旨在增强学生的防溺水意识，提升他们自救与互救的能力，确保学生的生命安全。

一、制订详细计划

制订详细的防溺水实训活动计划，包括活动时间、地点、内容、参与人员等。

二、实训内容设计

（一）模拟演练

设置模拟溺水场景，让学生亲身体验溺水的危险性，学习正确的自救和互救方法。

（二）实操演练

1.自救演练

教授学生在不熟悉水性时如何保持冷静，采取仰卧位自救法；会游泳者学习小腿抽

筋时的自救技巧。

2. 互救演练

强调未成年人不得贸然下水施救，教授学生如何正确拨打求救电话、抛掷救生圈或使用长竿等物品进行救援。

三、实施步骤

（一）分组实训

将学生分成若干小组，每组配备一名指导教师，确保实训过程有序进行。

（二）实操演练与评估

在指导教师的监督下，各小组依次进行模拟演练和实操练习。实训结束后，指导教师对每组学生的表现进行评估和反馈。

探索与思考

（1）家庭火灾发生时，应该如何逃生？

（2）在公共场所遭遇火灾，应该怎么做？

（3）根据所处环境，谈谈发生火灾时应怎样逃生。

（4）遇到骚扰你的人时，应该怎么做？

（5）如何预防溺水？

（6）外出时，如何遵守交通安全？

公共卫生 模块四

学习目标

（1）利用所学知识，学会在生活中注重健康饮食。

（2）通过学习，知晓如何拒绝烟酒。

（3）通过学习，知晓如何坚决拒绝毒品。

（4）利用所学知识，掌握预防艾滋病的方法。

（5）掌握处理突发疾病的方法。

（6）提高公共卫生安全意识，提升公共卫生安全素养，不断增强体质，保持身心健康，养成健康行为。

导 语

征服世界，并不伟大，一个人能征服自己，才是世界上最伟大的人。

——佚名

案例引入

2023年3月17日安徽省××职业学院机器人班学生罗×与同学共同饮酒，因为饮酒过量摔倒后致脑部受伤，经急诊科门诊诊断为颅内损伤，采用手术、超声波治疗后终于消除了颅内淤血，防止了颅骨开裂的严重后果。

总结案例：

对于大多数人来说，饮酒是一种常见的社交方式。然而，在校园内，为了保护学生的健康和安全，通常会有严格的禁止饮酒的规定，尤其是过量饮酒。饮酒过量不仅会对神经系统造成损害，导致理智丧失，还可能引发无法预料的严重后果。饮酒者事后虽然可能深感后悔，但有些损害是不可逆的。

身体健康和生命安全是每个人最宝贵的资产，我们都应负责任地保护它们。尤其是中职生，应该充分认识到酗酒的风险。不应为了一时的畅快淋漓或豪饮的快感，而轻易赔上自己的未来和生命。

案例中提到的罗×，正值青春年华，却因一时饮酒而差点丧命。这样的案例是一个警示，提醒广大青少年要对饮酒持有警惕的态度，避免重复这样的错误，保护好自己的健康。

食物中毒预防

单元一　健康饮食

民以食为天，食物不仅是人体能量的来源，更与健康紧密相连。随着生活水平的提升，我国居民营养状况显著改善。有专家说：饮食是人生第一要事，不仅影响个人身体健康，还关乎全民健康素质，希望学生充分重视"健康饮食"这件大事，学会认识食物、合理搭配，做到营养均衡，促进身体健康。健康饮食是维持身体健康的重要组成部分，它不仅能够为身体提供必要的营养，还能够预防多种慢性疾病的发生。

一、健康饮食的概念

健康饮食与适量运动是维护身体健康和良好生活质量的关键因素。健康饮食意味着选择多样化的食物并控制食量，这样不仅可以为身体提供必需的营养素，还能维持适宜的热量摄入，支持身体组织的生长和修复，增强免疫力，并维持健康的体重。

为了达到这些目标，应参照"饮食金字塔"推荐的食物分量和类型制订饮食计划，并确保每天摄入足够的水分，这有助于身体的各种代谢活动和维持水分平衡。均衡饮食不仅能让人保持活力，还能提高机体抵抗力，有助于维持理想的体重。

健康饮食包括以下三大基本原则：

（1）多样化饮食：吃不同种类的食物，确保摄入各种营养素。

（2）避免暴饮暴食：控制食量，避免过量摄入食物，特别是高脂肪、高糖和高盐的食物。

（3）饮食均衡：合理搭配各类食物，保证蛋白质、脂肪、碳水化合物及微量元素等营养的平衡摄入。

二、健康饮食搭配

饮食的健康搭配包括以下六大原则。

（一）粗细搭配

粗细搭配强调在日常饮食中合理安排粗粮与细粮的比例。粗粮包括杂粮，如燕麦、玉米和薏仁等，这些食物富含丰富的膳食纤维和微量元素，有助于改善消化系统。细粮主要是指精加工的米面，如富强粉（高筋面粉）和标准粉（一般的面粉）。在日常饮食中，适当搭配精加工和粗加工的食品，既能保证能量的供应，又能增加纤维的摄入。

（二）荤素搭配

荤素搭配是指在一日三餐中合理安排动植物性食品的比例，确保蛋白质、脂肪和维生素的均衡摄入。动物性食品如肉类、鱼类和蛋类，富含高质量的蛋白质和必需氨基酸；植物性食品，如蔬菜和水果，可以提供人体所需要的丰富的维生素、矿物质和膳食纤维。通过荤素搭配，可以最大限度地满足人体对各种营养物质的需求。

（三）粮豆搭配

粮豆搭配主要是指谷类与豆类的结合。由于豆类中通常缺乏蛋氨酸而谷类中缺乏赖氨酸，两者合理搭配可以互补氨基酸的不足，提升蛋白质的生物价值，如红豆粥和腊八粥都是典型的粮豆搭配食品，能够提供更全面的营养。

（四）多色搭配

食物颜色的多样性往往反映了其营养成分的丰富性，不同颜色的蔬菜和水果含有不同的维生素和矿物质，如红色食物富含番茄红素，绿色食物富含叶酸，紫色食物富含花青素。

（五）酸碱搭配

动物性食品，如鸡、鸭、鱼、肉等虽富含蛋白质，但过量摄入可能增加肝脏和肾脏

的负担，并且由于其酸性特性，过多摄入会导致体内酸碱失衡，引发倦怠乏力甚至酸中毒。为了中和这种酸性，必须适量摄入碱性食物，如蔬菜和水果，这些食物不仅能提供维生素和矿物质，还有助于维持身体的酸碱平衡。

（六）干稀搭配

人类的水分补给不仅依赖饮用水，还需通过食物的摄入来获取。合理地搭配干稀食物不仅能够促进消化吸收，提升饱腹感，还是一种有效的补水方法，例如，摄入高蛋白的肉类后，可以选择与粥或汤等水分较多的食物搭配，以平衡饮食结构。同时，早晚餐中，将面点、饼与稀饭等食物相结合，既满足营养需求又增加水分摄入。然而，不正确的饮食观念和过度节食可能会带来严重的健康风险，例如，中职生婷婷在追求苗条身材的过程中，采取了极端的饮食控制措施，逐步削减食物种类，从放弃肉类到最后几乎仅摄入少量蔬菜和零食，甚至通过催吐来减轻体重。这种行为导致她体重迅速下降，出现多种身体与心理问题，如腹胀、恶心、厌食、月经停止、头发脱落、情绪抑郁，甚至产生了自杀的念头，严重损害了身心健康。通过后期的医院治疗，婷婷的状况才逐渐得到改善。

三、缺少膳食均衡的后果

膳食均衡，也称为合理膳食或健康膳食，是营养科学追求的理想标准。它强调通过多样化的食物组合满足身体对不同营养素的需求，以维持生理功能和健康状态。在营养学上，一个均衡的膳食应该满足以下条件：

（1）充足的热量和营养供应：饮食中的热能和各类营养素的摄入量需要达到人体的生理需求。

（2）营养素比例的适宜性：确保蛋白质、脂肪、碳水化合物及各种微量元素和维生素的比例恰当，以保持生理平衡。

对于婴儿来说，六个月内的母乳是唯一能提供完全均衡营养的食物。然而，随着年龄的增长，没有任何单一食物能够单独满足人类的所有营养需求。因此，实现膳食均衡的关键在于食物多样性和适量的搭配。为了达到膳食均衡，应当养成以下饮食习惯：

（1）多样化食物选择：常规饮食应包括大量的水果、蔬菜、全谷物、优质蛋白质来源（如鱼、瘦肉、豆类和坚果）以及健康的脂肪来源。

（2）适量摄入：避免过度饮食，特别是高脂、高糖和高盐的食物。

（3）避免挑食：均衡摄入各种食物，以确保不同营养素的充足供给。

（4）合理的食物搭配：通过合理搭配不同食物，以补充各种营养，实现营养的互补。

偏食、挑食会导致人体摄入的营养元素不均衡，对身体有较大的影响，尤其对处于生长发育期的青少年影响更大。长期偏食或挑食对生长发育、机体免疫力、胃肠功能、智力发育等方面均有影响。

（一）影响生长发育

长期挑食会导致营养物质摄入不均衡、不充足，如蛋白质、维生素、钙等摄入不够，会影响身高、体重的增长，严重时可能会导致生长发育停滞。

（二）影响机体免疫力

长期挑食会导致食欲下降，而且营养摄入不够也会诱发营养不良，造成营养性贫血、免疫力降低、抗病能力下降，从而会诱发疾病。

（三）影响胃肠功能

长期挑食会对胃肠功能造成影响，如引起胃肠功能紊乱，从而影响消化和吸收。

（四）影响智力发育

经常挑食会造成营养不均衡，进而可能会影响大脑的发育，出现注意力不集中等现象。

（五）其他危害

经常挑食会导致维生素摄入不全面，如果不吃蛋黄、豆类或绿色蔬菜可能会导致维生素 A 摄入不足，甚至出现夜盲症；如果不吃橘子、橙子等水果，则可导致维生素 C 缺乏，容易出现手足脱皮、倦怠等现象。

因此，在生活中不要偏食、挑食，饮食要全面，以保证营养全面、均衡，促进身体健康发育。

四、健康饮食的重要性

学生应高度重视过期变质食品对自身的伤害，关注饮食卫生，并严格遵守以下四项原则。

第一，选择新鲜和安全的食品。购买时检查食品的外观，避免购买已经腐败或变质

的产品。仔细查看包装上的生产日期和保质期，确保食品未过期。确认食品包装上有清晰的生产商名称和地址。避免购买无厂名、厂址或标签模糊的产品，以便在出现问题时能追溯和索赔。

第二，谨慎处理剩饭剩菜。尽量避免食用剩余的饭菜，如果必须食用，务必彻底加热，以杀死可能滋生的细菌。剩余的食品，如点心和牛奶也同样需要彻底加热，防止细菌性食物中毒。

第三，避免食用霉变食品。不吃霉变的粮食、甘蔗、花生等，因为它们含有的霉菌毒素可能导致中毒。

第四，选择卫生条件良好的购买场所。避免在无食品经营许可证的小摊贩处购买食品，因为这些地方的卫生标准大多都不符合规定，食品安全难以保证。

学生应遵从以上原则，认真学习食品卫生知识，掌握预防方法，提高自我卫生意识，从而保证身体健康。

五、健康饮食的要求

学生时期是形成饮食习惯的关键时期。通过健康饮食的教育和实践，中职生可以逐渐养成良好的饮食习惯，这将伴随他们一生，而且对预防慢性病、保持身体健康具有重要意义。

（一）养成吃东西之前洗手的习惯

我们的手每天都会触摸到可能含有病原体的表面。为了防止这些微生物通过饮食进入身体，每次进餐前都应当彻底清洗双手。

（二）生吃瓜果要洗净

生食在种植和运输过程中可能会接触到病菌和化学品。因此，在食用这些食品之前，必须进行彻底的清洗，以减少健康风险。

（三）不喝生水

饮用直接自然来源的水存在危险，因为它可能含有微生物。选择饮用沸水可以确保安全。同时，要尽量避免长期饮用各类功能饮料和含糖饮料。

（四）卫生习惯很重要

养成良好的卫生习惯，预防肠道寄生虫病的传播。

延伸阅读

不可缺少的食物——水

水无处不在，就像一颗种子需要水分来发芽、成长，人体也需要水来维持基本的生命活动。在日常生活中，经常听到"喝水对健康好"的说法，但具体它是如何影响人们的健康的呢？多喝水不仅是一句简单的生活建议，更是深植于生命过程中的基本原理。

想象一下，一个干燥的河床和一个水流满溢的河流，它们对周围生态系统的影响截然不同。同样地，身体如果长期处于水分不足的状态，就会像那干涸的河床，无法充分发挥其生命活动的潜力。充足的水分摄入，就像那充满活力的河流，能够促进身体各个器官的顺畅运行。

1. 水分不足对身体的影响

水分不足，或称脱水，是一种常见但危险的状态，可能引起一系列的健康问题。轻度脱水可能导致疲劳、头痛和注意力不集中，而严重脱水则可能威胁生命。

2. 健康饮水的良好习惯

建立健康饮水习惯是维持良好水分状态的关键。一种有效的方法是在日常生活中设置定期喝水的提醒，确保均匀地摄入水分。

选择合适的饮料也非常重要。虽然市面上有各种饮料可选，但最佳的选择仍然是普通的水。含糖饮料、咖啡和酒精虽然可以暂时解渴，但它们可能导致身体失去更多的水分。

最后，倾听身体的需求是关键。每当你感到口渴时，就是身体需要水的信号。适时响应这一需求，可以使身体维持良好的水分平衡，从而保持健康。

单元二　拒绝烟酒

在烟草燃烧的过程中，可以产生 4 000 多种已知化学物质，其中有 69 种是致癌或促癌物质。由于青少年呼吸系统发育尚不成熟，有害烟尘微粒会损害呼吸系统黏膜，削弱防病能力，易患慢性支气管炎，这也是患肺癌的原因之一。

酒精是一种麻醉剂，对人的中枢神经有抑制作用。青少年的肝脏发育尚未成熟，肝细胞解毒能力较低，长期饮酒会造成肝脏病变，影响身心健康。

一、学生吸烟的原因

中职生正值花季，心理健康成长颇为重要，但部分中职生开始出现一些不良的行为，如吸烟、夜不归宿、撒谎、网恋等。父母和老师要给学生讲解烟酒的危害，因为其危害非常大。吸烟也会让学生的体质变差，他们生病的概率也随之增高，体力与耐受力降低，记忆力、灵敏度降低。在课堂上，这些学生的注意力不能持久，理解力变差，从而导致学习成绩下降。吸烟还会影响视力，有资料表明，白内障患者中有20%与长期吸烟有关。

（一）受家庭和生活环境影响

相当一部分中职生首次接触、吸食烟草的时间并不是来到学校之后，而是多发于初中阶段。起初多是见到父母及身边的成年人有吸食烟草的现象，从而产生想尝试的冲动。

（二）受当前影视作品影响

在当前众多的影视作品中，经常会出现吸食烟草的镜头，有的甚至被拍摄成特写镜头而备受推崇成为经典。青少年的思想普遍不成熟，自制能力较差，喜欢追逐潮流、寻求时尚，而众多的影视作品中所展示的吸食烟草的镜头会给青少年造成一种误导，使青少年错误地认为吸食烟草是一种很时尚、很酷的行为。

（三）受朋友圈的影响

许多学生表示，自己吸食烟草是由于同学或朋友的推荐，从而选择尝试吸食，进而形成烟瘾，产生依赖。生物及社会学家研究表明：人类是群体性生物，群体对个体的影响作用极大。当群体中出现吸食烟草的现象时，有的学生欣然接受坦然吸之；有的学生明知不对，但为了获得群体的认同，仍然在从众心理的影响下选择接受并尝试，最终成为烟民中的一员。

（四）受个人心理和精神因素影响

有一小部分学生因为心理和精神方面的原因，自己主动选择吸食烟草。这部分学生中有的因为家庭出现重大变故，如家庭关系长期不和睦、父母离异、亲人去世等而导致出现心理问题，为了缓解压力寻找精神寄托而选择吸食烟草。

不论是出于何种原因而选择吸食烟草，其造成的不良后果是相同的。学生一旦养成了吸食烟草的恶习，大多会伴随一生，从而严重影响身心健康。

二、学生如何拒绝吸烟

学生拒绝吸烟是一个积极且重要的决定，这不仅关乎个人健康，也体现了良好的生活习惯和社会责任感。

（一）明确吸烟的危害

了解吸烟对身体健康的长期和短期影响，包括肺癌、心脏病、呼吸系统疾病等。认识到吸烟还会影响社交形象，降低运动能力，甚至影响学业和职业发展。

（二）树立坚定的信念

坚信自己有能力拒绝吸烟，不受他人影响。将拒绝吸烟视为一种自我保护和负责任的行为。学会说"不"：当有人递烟时，果断而礼貌地拒绝，比如："谢谢，我不吸烟。"避免使用模糊或犹豫的言辞，以免给对方留下可乘之机。

（三）寻找替代活动

当感到有压力或无聊时，可以尝试进行其他有益的活动，如运动、阅读或听音乐。与不吸烟的朋友一起度过时光，共同追求健康的生活方式。

（四）培养健康的兴趣爱好

参与体育、艺术或志愿服务等有益身心的活动。通过这些活动提升自己的自信心和社交能力。

（五）设置个人目标

为自己设定一个长期不吸烟的目标，并制定相应的奖励机制。定期回顾自己的进展，庆祝每一个小成就。

学生拒绝吸烟需要坚定的信念、明确的态度和积极的行动。通过了解吸烟的危害、培养健康的生活方式、学会应对压力以及设定个人目标等方法，可以成功地拒绝吸烟，从而享受更加健康、积极的生活。

三、喝酒的危害

酒精是一种在众多饮品中都能找到的神经系统刺激剂。它通过消化系统被人体吸收，首先在胃和小肠内进入血液循环，然后被运输至包括大脑在内的各个部位。酒精通过肝脏分解为水和二氧化碳，同时释放出能量。但在大脑，酒精的麻醉效果可导致神经

活动的放缓和思维反应的减慢。酒精浓度越高，其对大脑的影响也越严重，可能导致认知功能受损和其他健康问题。

（一）严重影响身体健康

过量饮酒可引起一系列健康问题，包括心率异常、体温升高、意识模糊和协调能力下降，极端情况下可导致酒精中毒症状，如恶心、头痛和呕吐。

（二）破坏校园秩序

在校园中，酗酒的学生可能表现出无视校规的行为，如违反作息时间、课堂纪律和公共道德，这些行为不仅破坏了学习环境，还可能导致严重的社会和法律问题。

（三）荒废学业

长期饮酒会损害认知功能，影响学生的学习效率和成绩，从而导致学业不佳。

（四）酒后滋事触犯法律

酒后的行为失控可引起事故和暴力行为，触犯法律则需承担相应的法律责任。学校通常设有规章制度，禁止学生饮酒，以防止此类问题发生。

四、如何拒绝饮酒

酒会给身体带来一定的伤害，以下措施有助于学生拒绝饮酒。

（一）加强自身修养，树立正确的人生观和世界观

古语云"玉不琢，不成器"，教育的核心目的是塑造学生的健全人格，使其成为具备社会责任感的人才。这种教育过程不仅是关于学术知识的积累，更重要的是帮助学生形成健康的价值观和培养有效的社交技能。通过这样的教育，学生可以学会如何处理与他人的矛盾和社会冲突，如避免暴力和不良嗜好，增强个人安全感。此外，随着个人素质的提升，学生能够更好地意识到防范社会不安全现象的重要性，从而有效避免可能的人身伤害。

（二）加强自我约束，树立法律意识

学生应培养坚强的自制力和清晰的道德界限，以识别和抵制酗酒等不良行为的潜在危害。这不仅涉及拒绝那些诱导自我放纵的不良习惯，还包括与那些可能使自己走向不良道路的人断绝联系。同时，学生必须提高自己的法律意识，深入学习和理解法律，以

便在生活中正确应用。学生应意识到酒后滋事等违法行为将直接导致严重的法律后果。

> **延伸阅读**
>
> ### 青少年一定要拒绝烟酒
>
> 《中华人民共和国未成年人保护法》中明文规定：学校、幼儿园周边不得设置烟、酒销售点。烟、酒的经营者不仅禁止向未成年人销售烟、酒，也应当在显著位置设置不向未成年人销售烟、酒的标志。
>
> 希望同学们可以发挥自身主人翁精神，当好社会的"小主人"，对此类违法行为进行监督，发现问题要及时与有关部门联系。

单元三　远离毒品

毒品的危害性极大，它会毁掉一个人的健康和生命，使吸食者丧失对学习、生活的热爱，沉湎于虚幻的自我体验中而不能自拔，在精神上越来越堕落。吸毒会给家人带来无尽的折磨，直至倾家荡产、家破人亡。为了获取购买毒品的金钱，吸毒者会不择手段，铤而走险，走上犯罪的道路，影响社会风气和治安。

毒品的危害之巨不言而喻，拒绝吸毒、远离毒品是现代文明的基本共识。涉毒滋事、因毒生祸，不仅会给个人与家庭带来惨重的损失，也会对社会良性运行造成负面影响。

一、毒品有关概念及分类

虽然全球对毒品的定义未形成统一标准，但普遍认可的是，毒品主要指那些非法使用并能导致人类产生物理或心理依赖的物质。在中国的法律框架下，如《中华人民共和国刑法》第三百五十七条和《中华人民共和国禁毒法》中所述，毒品包括但不限于鸦片、海洛因、甲基苯丙胺等，涵盖了麻醉药品和精神药品。这些规定清晰地界定了毒品的法律属性及其社会危害性。而烟草和酒精等具有依赖性物质未被列为毒品，这反映了毒品定义的复杂性和法律对具体物质认定的差异。法律文本通过细致区分麻醉药品和精神药品，强调了毒品的关键特征，包括非法使用的性质和成瘾性，强调了

对这些物质严格管理的必要性。

中国的毒品定义具有法律和医学双重属性，反映了对致依赖性药品的严格管制。这一定义基于联合国的禁毒公约以及我国对毒品犯罪和戒毒治疗的实际经验。毒品的本质特征明确区分了它们与非毒品的差异，强调学生远离这些物质的重要性。

毒品种类繁多，分类方式多样，可以从作用范围、管控级别及其来源三个维度进行分类。广义毒品包括所有对人体有害且具有依赖性的物质，如酒精、烟草及某些挥发性溶剂。狭义毒品则专指在药物管理中被严格管控的物质，主要包括阿片类、可卡因类、大麻类等麻醉药品，以及镇静催眠药、中枢兴奋剂、致幻剂等精神药品。

从来源角度，毒品又可细分为天然毒品、半合成毒品和合成毒品。天然毒品直接从原植物提取，如鸦片和大麻；半合成毒品则是天然毒品与化学物质的合成物，如海洛因；而合成毒品完全通过有机合成方法制得，如甲基苯丙胺和LSD。

从毒品对中枢神经系统的影响角度，它们可以分为抑制剂、兴奋剂和致幻剂三大类。抑制剂主要包括鸦片类，它们通过抑制中枢神经系统的活动产生镇静和放松效果。兴奋剂，如苯丙胺类，通过激活中枢神经系统来增强人的兴奋感。致幻剂，如麦司卡林，能够干扰正常的感觉和思维过程，导致幻觉和心理扭曲。

毒品还可以根据其对人体的自然属性被分为麻醉药品和精神药品。麻醉药品通常与身体依赖性相关，长期使用易导致成瘾，如鸦片类。精神药品则主要影响心理活动，能引发心理依赖，如苯丙胺类。

从历史流行程度看，毒品可分为传统毒品和新型毒品。传统毒品有鸦片和海洛因，新型毒品有冰毒和摇头丸，这些主要在娱乐场所中流行。

最后，从对人体危害的程度看，毒品可分为入门毒品（如烟、酒）、软毒品（如大麻、摇头丸、冰毒等毒性较小的品种）以及硬毒品（如毒性剧烈的海洛因、可卡因）。几种常见的毒品如图4-1所示。

当前，吸毒行为的低龄化趋势已引起教育界的高度关注，特别是针对青少年的吸毒问题。青少年由于自控力不强和易受外界影响，容易沉迷于成瘾性物质。教育界人士将网络、色情和毒品视为对青少年构成最大威胁的"三大毒品"。其中，网络和色情被认为是精神形态的毒品，能够引发心理依赖和行为上的扭曲；而烟、酒

图 4-1 常见的毒品

及其他毒品则属于物质形态的毒品，这些物质直接作用于人体，容易引起生理和心理的双重依赖。

二、了解毒品

虽然人们都清楚吸毒的危害，但仍有人因好奇心、压力或其他因素而尝试。尤其是青少年在心理上较为脆弱和易变，更容易受到毒品的诱惑。面对生活的压力和各种诱惑，学会自我心理调节很重要。人生的高低起伏是常态，但绝不能因一时的失意或诱惑而走上吸毒的不归路。

吸毒会对人体造成严重的伤害，不仅破坏正常的生理机能，还会损害免疫系统，使人容易患上各种疾病。长期吸毒者的体力、智力和劳动能力会逐渐减弱，最终可能完全丧失，甚至导致死亡。因此，每个人都应珍惜生命，远离毒品，以健康和安全的方式面对生活的挑战。如此，我们才能保护自己不受毒品的侵害，确保个人和社会的长远福祉。

三、学生如何抵制毒品侵袭

在青少年的成长过程中，朋友和同伴群体对他们的影响极大。古语云"近朱者赤，近墨者黑"，这形象地说明了环境和交往对象对人的影响。青少年在群体中寻求认同感，往往容易受到同伴的压力，模仿并接受他们的价值观和行为模式。这种影响在某些情况下可能导致不良后果，特别是当他们所处的群体出现了一些不健康或有害的行为，如吸毒。社会学研究表明，同辈压力和群体亚文化可以极大地左右青少年的行为决策。如果他们的朋友圈主要由吸毒者组成，吸毒行为可能会被视为一种可接受的社交规范。在这样的环境中，不吸毒的青少年可能会感觉到被边缘化或排斥，从而面临一个艰难的选择：要么迎合群体，参与吸毒；要么保持自己的立场，冒着被孤立的风险。

因此，对青少年来说，选择朋友和交往圈子时需要格外谨慎。他们应该根据健康和正面的标准来选择朋友，避免盲目从众，以免被不良的社交规范所影响。家长和教育者也应当加强对青少年的引导和监督，帮助他们建立正确的价值观和抵抗同伴压力的能力，确保他们能健康成长。

（一）摒绝不良嗜好

大多数涉及毒品滥用的个体最初是从较为普通的嗜好如吸烟和饮酒开始的。这些行为往往因追求更强烈的感官刺激而逐渐演变为更危险的行为，如吸毒。因此，防止走向

毒品的基本方法是从一开始就避免任何形式的不良嗜好。

（二）善用好奇心，切勿以身试毒

好奇心可以驱使人们尝试新事物，但在毒品问题上，好奇心则可能成为陷入依赖的诱因。毒品引起的心理依赖极其强烈，即使在强制隔离戒毒后，虽然生理依赖可能已经克服，但心理依赖仍难以摆脱，常常导致复吸。因此，绝不要因出于好奇或自认为意志坚强而尝试毒品。

（三）尊重自我，坚决拒毒

毒品的危害不仅限于身体健康，更触及个人的生命与尊严。尊重自我，意味着对自己的生命负责。在面对毒品的诱惑时，无论是出于社交场合的压力还是朋友的怂恿，都应坚决拒绝，维护自身的健康和尊严（图4-2）。

图4-2 青少年坚决拒绝毒品

（四）树立正确用药观念

保持健康的身体和精神状态，需要适当的营养、足够的运动和充分的休息。当生病时，应前往正规医院进行诊断和治疗，避免自行使用药物，尤其是禁止使用毒品作为精神刺激或治疗疾病的手段。

（五）远离是非场所

KTV、网吧、酒吧、舞厅和私人会所等场所常常成为吸毒者和贩毒者的聚集地。在这些场所，贩毒者可能会采取各种手段设下陷阱，引诱或威胁青少年吸食毒品。因此，避免前往这些潜在的高风险场所是预防吸毒的有效策略。

（六）对陌生人保持警惕

毒品的危害通常是由熟悉的或陌生的人通过各种手段传播的。在不熟悉的场合中，应保持高度警觉，避免接受陌生人提供的饮料或香烟等物品，以防止不知不觉中被卷入毒品相关的风险。

（七）了解相关政策

熟悉和理解国家的禁毒政策，认识到反毒不仅是个人的责任，也是关乎民族繁荣和国家未来的重要事务。通过加深对禁毒政策的理解，每个人都应该树立"热爱生命、远离毒品"的观念。

延伸阅读

普法小课堂

毒品就像魔鬼，一旦坠入毒网便难以挣脱，它不仅危害身体健康、侵蚀心智，还会不经意间触碰法律红线。关于禁毒法律小知识你了解多少？

1.为吸毒者通风报信会受到处罚吗？

答：会。

《中华人民共和国治安管理处罚法》第七十四条对于防止和打击非法行为提供了法律支持，强化了社会责任意识。其具体规定为：旅馆业、饮食服务业、文化娱乐业、出租汽车业等单位的人员，在公安机关查处吸毒、赌博、卖淫、嫖娼等活动时，为违法犯罪行为人通风报信的，处十日以上十五日以下拘留。

2.允许他人在我家里吸毒会受到处罚吗？

答：会。

在中国法律体系中，《中华人民共和国禁毒法》第六十一条和《中华人民共和国刑法》第三百五十四条都对容留他人吸食、注射毒品的行为设定了严格的惩罚。根据《中华人民共和国禁毒法》，如果容留行为构成犯罪，将追究刑事责任，未构成犯罪的情况下，可被处以十日至十五日的拘留和最高三千元的罚款；情节较轻时，处罚可为五日以下拘留或五百元以下罚款。《中华人民共和国刑法》则规定，此类行为可被判处三年以下有期徒刑、拘役或管制，并处罚金。

《最高人民法院关于审理毒品犯罪案件适用法律若干问题的解释》第十二条进一步明确了在有加重情节的情况下，应依照《中华人民共和国刑法》第三百五十四条定罪处罚。

（1）一次容留多人吸食、注射毒品的；

（2）二年内多次容留他人吸食、注射毒品的；

（3）二年内曾因容留他人吸食、注射毒品受过行政处罚的；

（4）容留未成年吸食、注射毒品的；

（5）以牟利为目的容留他人吸食、注射毒品的；

（6）容留他人吸食、注射毒品造成严重后果的；

（7）其他应当追究刑事责任的情形。

3. 帮助他人代取快递也可能涉嫌犯罪吗？

答：会。

近日有货车司机在不知情的情况下备胎内被藏毒92斤，曾有男主播帮粉丝取快递被刑拘引发热议……毒品犯罪离每个人的生活都很近，毒贩可以通过各种办法让你在毫不知情的情况下运送毒品，他们将毒品藏到咸菜罐、易拉罐、面膜、书本、茶叶、饼干等常见物品里通过快递方式进行贩毒，网购时切勿随意签收来历不明的快递，更不要被蝇头小利蒙蔽代替他人收寄不明快递。

单元四　预防艾滋病

感染艾滋病怎么办

艾滋病已经成为当今世界危害人类健康的重大公共卫生问题之一。1982年艾滋病病毒传入我国，目前处于较低的流行水平，但青年学生群体中艾滋病的感染率一直呈上升趋势，低龄化的发展态势尤为令人关注。随着现代社会的进步和性观念的逐渐开放，中国人的首次性行为的平均年龄正在下降，这一变化加剧了艾滋病的传播风险。

一、艾滋病的概念

艾滋病，即获得性免疫缺陷综合征（AIDS），是由人类免疫缺乏病毒（HIV）引起的一种复杂的疾病状态。HIV主要通过血液、精液、阴道分泌液、乳汁等体液传播，直接攻击人体的免疫系统，尤其是淋巴细胞，导致患者免疫力下降，从而易于感染多种伺机性疾病或发生恶性肿瘤。尽管艾滋病病毒的潜伏期可长达8～9年，但目前尚无根治或预防艾滋病的特效药物或疫苗。

在中国，尤其是在高等教育机构中，艾滋病的传播问题日益严重，引起了专家、学者及政府官员的广泛关注。很多学生因缺乏关于艾滋病预防的足够知识和意识，未能进行及时的检查和诊断，导致错过了治疗的最佳时机。鉴于这种情况，艾滋病已被中国政府列为乙类法定传染病，并纳入国境卫生监测，显示了政府对这一公共卫生挑战的重视。

教育部门和卫生部门需要联合采取措施，加强艾滋病的防控教育，特别是在青少年和学生中推广艾滋病的基本知识和预防措施，以减少新的感染案例，并为已感染者提供必要的支持和治疗服务。

二、艾滋病的传播途径

中国疾控中心统计数据显示，艾滋病的传播途径有三类，其中，性传播是艾滋病传播的最主要途径。

（一）性途径传播

性接触是艾滋病传播的最常见途径。无论是男性与男性之间还是男性与女性之间的性行为，都可能导致艾滋病病毒的传播。在性交过程中，生殖器黏膜可能因摩擦造成细微损伤，艾滋病病毒便可通过这些损伤进入血液，从而导致感染。

（二）血液传播

（1）输注被艾滋病病毒污染的血液或血液制品。

（2）静脉注射药物使用者共用受艾滋病病毒污染的、未经消毒的注射器和针头。

（3）医疗过程中使用的器械（如口腔科、外科手术器械、接生器械、针灸针等）以及日常用品（如牙刷、剃须刀）若未妥善消毒且存在破损，虽然较为罕见，也可能成为艾滋病病毒的传播途径。

（4）救护患艾滋病的伤员时，救护者本身破损的肌肤触摸伤员的血液。

例如，来自农村的阿海，因缺乏足够的教育和正确的指导而很容易受到周围环境的影响。他辍学后的生活缺乏目标和支持，最终导致他与社会上的不良人群混在一起。

阿海在15岁那年因好奇而尝试毒品，这个决定改变了他的生活轨迹。虽然他被送往戒毒所进行强制戒毒，但由于缺乏有效的后续支持和治疗，他很快又复吸了。在毒瘾的驱使下，他和其他人共用针管，这种极其危险的行为最终导致他在17岁时被检测出艾滋病病毒感染。

（三）母婴传播

母婴传播也称围产期传播，即感染了艾滋病病毒的母亲在产前、临产进程中及产后不久将艾滋病病毒感染给了胎儿或婴儿。

三、艾滋病的危害

学生感染艾滋病后最担心的事情就是自己的病情被曝光，如果被学校和同学知道自

己感染艾滋病病毒后，学校很有可能就会动员该学生休学或自动退学。这样的情况是感染艾滋病病毒的学生最难以接受的，一旦自己患病，就感觉像是被世界抛弃了。最近在一些学生感染艾滋病病毒的案例中，虽然有些学生据理力争，保护了自己的合法权益，成功留在学校继续上学，但是接下来面临的另一个问题就是如何与同学相处。很多人对艾滋病病毒感染者有歧视，他们往往不愿意和艾滋病病毒感染者进行人际交往，这越发使艾滋病病毒感染者内心更加孤独，对未来充满了迷茫。

（一）求职就业受到工作单位的歧视

当前在艾滋病就业政策方面存在分歧和争议。我国《公务员录用体检通用标准（试行）》将艾滋病病毒感染者列为体检不合格。尽管在全球多数国家，艾滋病病毒感染者的就业权利受到保护，避免因健康状况遭到就业歧视，但在中国，这一政策显然还需要进一步讨论和调整。体检标准导致的歧视加剧了社会对艾滋病病毒感染者的偏见和歧视，影响了病毒感染者的社会整合和心理健康。

感染艾滋病病毒的学生面临的一大困难就是求职，现在很多事业单位和国有企业按照《公务员录用体检通用标准（试行）》规定来筛选求职者，如果被检查出感染艾滋病病毒，就会被这些单位拒绝。对于感染艾滋病病毒的学生来说，这样的规定将极大地阻碍他们事业的可选择性。

（二）艾滋病病毒感染者内心痛苦

生理上，艾滋病病毒感染者的健康状况迅速恶化，身体承受巨大痛苦，最终可能导致死亡。心理和社会层面上，艾滋病病毒感染者将面临极大的心理压力和社会歧视，这种标签化常常使其难以获得家人和朋友的理解和支持。

（三）艾滋病对家庭的危害极大

艾滋病的影响波及整个家庭，家庭成员不仅要承受与患者相同的社会歧视，还需承担额外的心理负担。这种持续的压力可能导致家庭关系紧张，甚至家庭解体。

（四）艾滋病对社会的危害

从社会层面看，艾滋病减弱了劳动力，影响经济发展和国家竞争力，降低了民族整体素质和人均预期寿命。社会对艾滋病病毒感染者的歧视和不公正待遇不仅增加了社会不稳定因素，还可能导致犯罪率上升和社会秩序的破坏。此外，艾滋病对儿童的影响尤为严重，许多儿童因失去亲人而面临巨大的心理和物质困难，如失学和营养不良。

四、如何预防艾滋病

为预防艾滋病的传播，可以遵循以下几个重要的行动指南：

1. 性行为的道德和卫生规范

避免不洁的性行为，保持性行为的道德和清洁，不进行婚前和婚外性行为。严格遵守婚前健康检查制度，并确保双方在婚前了解对方是否感染了艾滋病病毒。同时，遵循相关法律规定，不参与卖淫和嫖娼行为。

2. 禁止吸毒和共用注射器

不使用任何形式的毒品，并且避免与他人共用注射器，特别是对于未能戒毒的个体。

3. 使用避孕套

在怀疑自己或性伴侣可能受到艾滋病病毒感染时，坚持使用避孕套。

4. 谨慎接受输血和血制品

避免轻易接受输血和使用血制品，确保所有血液和血制品都经过了艾滋病病毒的检测并确认安全。在紧急救护中小心避免接触伤员的血液。

5. 个人用品的个人化

不与他人共用可能引起感染的个人用品，如针头、针管、纱布、药棉等。确保在医疗操作中使用的器械都经过了严格的消毒处理。

6. 选择消毒严格的医疗机构

不在消毒不严格的医疗机构进行注射、拔牙、针灸、手术等操作。

7. 避免使用公共理发和美容服务

不去消毒措施不严密的理发店和美容院进行理发和美容服务，确保所有使用的工具都已经过严格消毒。

8. 防止在救护中感染

在救护流血伤员时，采取适当措施防止血液直接接触皮肤或黏膜。

9. 不共用可能刺破皮肤的个人用具

避免与他人共用可能造成皮肤刺伤的用具，如牙刷、刮脸刀和电动剃须刀。预防艾滋病宣传图，如图4-3所示。

图 4-3　预防艾滋病宣传图

> **延伸阅读**

艾滋病小课堂

1. 一个感染了艾滋病病毒的人能从外表上看出来吗？

答：不能。人感染艾滋病病毒后，不会立即发病，潜伏期长达数年，外表可能和正常人一样，即使发病后，其症状也没有特异性。仅从一个人的外表不能判断是否感染艾滋病。

2. 蚊虫叮咬会传播艾滋病吗？

答：不会。蚊虫叮咬后口器内残留的血液中艾滋病病毒含量极低，不足以感染被叮咬的下一个人。

3. 与艾滋病病毒感染者或病人一起吃饭会感染艾滋病吗？

答：不会。即便有艾滋病病毒进入体内，也会很快被消化系统中的各种消化液杀死，不会通过消化系统进入血液循环系统。

单元五　处理突发疾病

学生在遇到其他同学遭遇突发疾病时，要沉着冷静、当机立断，不能自乱阵脚，更不要盲目施救，以免给同学带来二次伤害，应第一时间联系校医院或拨打120急救电话，以便使医护人员和救护车尽快赶到；紧接着给辅导员打电话，向其说明该同学的情况，请辅导员尽快赶过来。现场处理的首要任务是抢救生命、减少伤病员痛苦、预防伤情加重及发生并发症，正确而迅速地把伤病员转送到医院。

一、中暑的处理

1. 转移至适宜环境

一旦发现有人中暑，应立即将其转移至阴凉和通风的地方休息，以促进体温下降和散热。

2. 补充水分和电解质

为中暑者提供含盐分和电解质的饮料，帮助他们补充因出汗大量流失的水分和盐分。

3. 使用清凉外用药物

在中暑者头部的太阳穴等部位涂抹风油精或清凉油，以缓解头痛等不适症状；同时可以口服人丹、十滴水、藿香正气丸等中药，帮助调整体内环境和缓解症状。

4. 重度中暑的紧急处理

对于重度中暑者，除上述措施外，应尽快送医院进行专业救治，避免病情进一步恶化。

二、烫伤紧急救护

正确处理烫伤可以有效减轻痛苦，预防感染，并降低瘢痕和残疾的风险。以下是一些关键的急救步骤。

（一）冲

将烫伤部位立即置于流动的冷水下冲洗至少 30 分钟。注意水流应该是温和的，以避免对伤口造成二次伤害。最好让水从伤口一侧流过，直接作用于烫伤处。

（二）脱

在冷水冲洗的同时，轻柔地移除覆盖在伤口上的衣物。如果衣物已经黏附在皮肤上，不要强行拉扯，应使用剪刀小心剪开。

（三）泡

继续用冷水浸泡烫伤部位约 30 分钟，这有助于缓解痛感并进一步降低局部温度。对于面积较大的烫伤，要注意保暖其他部位，避免因体温过低而导致其他健康问题。

（四）盖

冷水处理后，应使用无菌纱布或干净的毛巾覆盖伤口并轻轻固定，这有助于保持伤口清洁并减少感染的可能性。对于形成的水疱，避免挤压或自行处理以防感染。

（五）送

若烫伤面积较大，应立即送往专门处理烧烫伤的医院进行专业治疗。

三、出血紧急救护

烫伤是常见的意外伤害，沸水、热粥、蒸气、炉火、暖宝宝等都是潜在的危险源。发生烫伤，采取正确的急救方式十分重要。

（一）三种常用的止血方法：按、包、塞

1. 按

用干净纱布或其他布按住出血的部位。

2. 包

包扎的原则是先盖后包，力度适中。

3. 塞

用于腋窝、肩、口鼻等处的止血，是用棉织品将出血的空腔或组织缺损处紧紧填塞，直至确实止住出血，再包扎止血。

（二）不同部位出血的处理

1. 头部出血

应迅速用干净的毛巾或厚纸巾紧紧按压伤口以控制出血，然后用另一块干净的毛巾进行包扎，以保持压力并减少血流。

2. 鼻出血

应立即停止所有活动，安静地坐下，身体轻微前倾以防止血液流入喉咙，这也有助

于血液流出。接着用手指紧捏鼻梁柔软处 10 分钟。如果出血没有停止，可以将含有止血药物（如麻黄素或云南白药）的棉团或纸巾塞入鼻孔中，再次捏压 10 分钟。如果这些措施仍然不能控制出血，应尽快前往医院接受进一步治疗。

3. 四肢出血

首先应使用干净的布块或厚纸巾紧紧压住伤口，控制出血。接着应该将受伤的肢体抬高至心脏水平以上，这样有助于减少血液流向受伤部位，持续保持 10～15 分钟。在此期间，找到绷带或其他包扎物进行固定和进一步的压迫。如果是手指出血，应将受伤的手指抬高，并在根部两侧施加压力 10 分钟，然后使用创可贴或其他适当的包扎材料进行包扎。

（三）伤口处理

可以用淡盐水多次清洗。伤口较深而且有较多脏物时，可先用手绢等压迫止血并包扎，然后到医院由医生处理伤口并注射破伤风抗生素。

延伸阅读

"黄金四分钟"救一命

生活中的意外事件如心脏骤停、中暑、骨折等急性伤害，常常在不经意间出现，若处理不当，不仅可能加剧伤情，还可能错失救治的黄金时机。因此，了解并掌握基本的急救技巧是每个人的必备技能，它能够在紧急关头发挥至关重要的作用。

以心脏骤停为例，一旦发生，立即进行心肺复苏（CPR）是挽救生命的关键步骤。心肺复苏的操作应迅速而精准，尤其是在事件发生后的首个四分钟内进行，这段时间被称为"黄金四分钟"或"黄金抢救期"。有效的心肺复苏操作包括坚定的胸部按压、保持呼吸道畅通及必要时的人工呼吸，可以极大地提高患者的生存率。

急救措施如下：

（1）初始反应：迅速拍打患者的双肩并大声呼唤，以检查患者是否有反应。此时，拍打应轻柔但确保声音足够大，以刺激患者的反应。

（2）紧急求助：立即让周围的人拨打 120，以尽快获得专业医疗援助。

（3）心肺复苏：迅速将患者平躺并解开其衣服以方便操作，定位到胸骨中间位置进行心脏按压。按压时，手臂应伸直，利用上身的力量均匀而有力地按压患者的胸部。

（4）高级医疗介入：无论患者是否有苏醒迹象，都应立即将其送往医院接受更专业的医疗处理，包括气管插管、使用呼吸机以及必要时进行电除颤。医院还可能通过静脉注射药物来稳定患者的心律，这些措施都是为了最大限度地提高患者生存的可能性。

模块实践

活动与训练

班级决定开展"安全饮食，健康你我"主题班会，请你设计活动方案。

探索与思考

（1）学生的突发疾病有哪些？如何进行处理？

（2）面对意外伤害时有哪些紧急的救护措施？

（3）被蚊虫叮咬后应该采取哪些紧急措施？

（4）如何拒绝烟酒？

（5）你认为什么是健康饮食？健康饮食包括哪些部分？

（6）毒品对人体有哪些危害？

心理安全　模块五

学习目标

（1）通过学习，知晓心理健康的重要性。
（2）掌握出现情感挫折时调节心理的方法。
（3）掌握应对家庭变故的方法。
（4）了解心理健康知识，提高心理素质，增强应对压力和挑战的能力，促进身心全面发展。

导语

每个冬天的句号都是春暖花开。

——加缪

案例引入

2018年3月，昆明某中职学校发生一起持刀伤人案，造成1人遇难、11人受伤。犯罪嫌疑人是该校一名学生，事发当日下午，他携带匕首冲进教室行凶。经公安机关后期调查，犯罪嫌疑人患有抑郁症。媒体报道称，该男生情绪悲观，处于自我否定的精神状态。

总结案例：

近年来，在校学生伤人、自杀的事件屡见不鲜。心理健康问题在中职生中变得普遍和严重，应引起社会各界的广泛关注。

神经衰弱治疗　　学校受挫表现

单元一　调整心理健康

在知识经济时代和信息社会的背景下，人们的生活节奏加快，社会竞争变得更加激烈，给社会成员带来了前所未有的压力。特别是中职生，正处于身心发展的关键阶段，正经历从普通教育向职业教育的转变，以及从以升学为主到以就业为主的发展方向的转变，这使他们面临更多的心理挑战和职业压力。这些学生在逐步接触并融入社会和职场的过程中，必须做出职业选择，同时还要应对日益激烈的职业竞争。在这种情况下，学生在自我意识、学习态度和生活管理等方面可能会出现各种心理困惑和问题。社会对这些学生的心理健康问题表现出了广泛的关注，促使教育机构、家庭和社会在更大程度上重视和支持学生的心理健康发展。

一、学生心理问题产生的原因

学生产生心理问题的原因有三个，在学生中开展心理健康教育，是促进学生全面发展的需要，是实施素质教育，提高学生全面素质和综合职业能力的必然要求。

（一）个体原因

学生在青春期会遭遇显著的自我定位和心理压力的挑战，这一阶段被心理学家描述为生命发展过程中的"狂风骤雨"时期。由于处于形成稳定心理结构之前的不稳定时期，学生常常显得情绪不稳定，情绪波动大，且表现出明显的两极性。此时，学生不仅需要应对来自社会和家庭的高期望，还需面对身份的转变和将来职业的选择，这些都可能导致各种心理困惑和问题。然而，值得注意的是，青春期的心理问题在某种程度上是正常的发展现象，是个体成长过程中不可避免的一部分。

（二）家庭原因

家庭环境对个体的长期心理发展具有深远影响。从早年形成的人格结构到成年后的心理调适，家庭因素起着核心作用。研究表明，父母的人格特征、养育方式和家庭内部的人际关系极大地影响了子女的心理健康，都与子女未来可能发展的神经性疾病（如恐惧症、强迫症、焦虑症、抑郁症）有关。父母养育方式的不同（民主型、溺爱型、专制型）会塑造子女不同的人格特质，如宽容、理智、情绪稳定或利己、骄横、缺乏独立性等。

（三）学校原因

一项调查显示，中等职业学校（中职学校）一年级新生中有心理问题的比例达到了15.7%，而在整个中职生群体中，这一比例略高，为16.5%。这表明许多中职生的心理问题可能从他们进入这一教育阶段开始就已经存在。长期的应试教育制度可能限制了学生的全面发展，推迟了他们在多个方面的成长，导致他们在心理发展上未能达到应有的水平。这些学生通常表现出独立生活能力差、人际沟通能力弱、情绪不稳定、意志力薄弱以及挫折承受能力低等问题。进入中职学校后，学生们不仅要应对之前的发展延迟问题，还要面临新的挑战。例如，学习负担过重、课程紧多且要求高、专业选择与个人兴趣不符以及业余生活单调，无法有效放松等。此外，教育改革措施如缴费入学和自主择业虽然提高了学生的学习积极性，但同时也增加了他们的心理压力，如图5-1所示。这些因素相互交织，加剧了中职生的心理问题。

图 5-1　中职生心理压力大

（四）社会原因

改革开放以来，中国经历了深刻的经济、政治、文化变革，这些变革为社会带来了生机与活力，但同时也对人们的心理状态产生了深远的影响。快速的社会变化打破了人们原有的心理平衡，使许多人感到难以适应，心理上产生了种种矛盾和冲突，社会适应不良成为当前心理问题频发的重要原因之一。对于处于成长阶段的中职生来说，他们正处在一个特殊的时代背景下，东西方文化的交汇和多种价值观的冲突使他们面临前所未有的挑战。东方文化传统上重视义务、礼仪和集体利益，强调和谐与稳定；而西方文化则更加强调利益、法律和个人主义，倾向于竞争和个性表达。这种文化差异导致中职生在面对多样的文化和价值选择时，常常感到迷茫和困惑。中职生在试图融入新的文化观念时，可能会盲目追求西方文化中的某些元素，而忽视了中国社会的实际情况。这种文化的碰撞和价值观的冲突可能使他们陷入混乱和压抑的心理状态，长期的心理冲突可能导致各种心理问题的产生。

二、心理健康问题的表现形式

作为新技术和新思想的前沿群体，当代学生的心理素质不仅关乎他们自身的发展，更是影响全民族素质提升和新世纪人才培养的关键因素。然而，受家庭环境、社会环境、校园环境及个人因素的影响，当代学生的心理状况面临多重挑战，主要表现在以下七个方面：

（一）人际关系适应不良

一些学生在现实生活中交际困难，因此沉迷于网络虚拟世界，逐渐与现实世界脱节。长期沉浸在网络中对学生的认知、情感和心理定位会造成严重影响。

（二）学习心理障碍

许多学生缺乏明确的学习目标和动力，无法集中精力进行学习。自控能力不强的学生可能沉迷于网络游戏或网上聊天，导致对学习感到厌倦，考试时感到焦虑，甚至作弊。

（三）恋爱与性心理问题

随着性生理和性心理的成熟，学生对性的关注增加，包括单相思、恋爱受挫、恋爱与学业关系处理困难、情感破裂后的报复心理等问题。一些学生可能因为早恋、未婚先孕或其他性行为冲动，导致学业荒废、法律问题或长期的心理负担。

（四）因为心理问题而自杀

很多学生的成长过程一帆风顺，一旦在生活中遇到困难就不知道如何处理，为了逃避痛苦和责任，有的甚至选择一死了之。这样看似解脱了，但给家庭和社会却带来了巨大的伤害。例如，安徽省××中职学校2023年12月一位自杀学生的遗书中有这样一段："我自己觉得人间不值得来，我想赶紧离开这人间。我早就觉得这人生没意思，只是没有勇气离开。唯一的错误是我妈把我生下来，让我来到这个世界。我希望不要再做人，太累了。最对不起的也是我妈，辜负你们了。"从这段内容不难看出，这位学生存在严重的心理障碍。

（五）就业心理困惑

面对当前的就业危机，部分学生没有做好就业的心理准备，自我定位和自我能力评价不够切合实际，期望值过高，导致就业困难。还有部分学生在择业过程中不认真思考，盲目从众。

（六）因为心理问题而伤害他人

一些学生因为家庭原因，导致性格过于内向，不会轻易将情绪表达出来，时常积压在心里，在忍无可忍的时候，可能会在某一时刻情绪失控，作出过激反应，给他人和自己造成伤害，甚至触犯法律，毁掉自己的人生。

（七）因为渴望金钱而误入歧途

一些学生因为家庭经济比较拮据，所以想赚更多的钱给家里和自己改善生活。但是他们没有用正规的途径来赚钱，而是走上了一条危险的道路。一些学生不知道社会的凶险，通过"校园贷"借钱来满足自己物质方面的欲望，最终被"校园贷"这个"巨兽"给"吞噬"了。

三、调适心理问题理念

当代学生正处在社会变革时期，面临着日益增多的社会心理压力，他们在学习、交友、恋爱、择业和社会适应等方面遇到一些困难和挫折，内心的冲突与矛盾若得不到有效疏导、合理解决，久而久之就可能形成心理问题。

2023年，丽丽（化名）进入某中职学校，她本是一个美丽而热情的女孩，但就是这样一个充满活力的女孩竟然走上了轻生的道路。

从小在优越环境中长大的丽丽，一直享受着家庭的宠爱，形成了"小公主"的自我认知。然而，当她步入中职学校，这种环境的变化让她初次体验到孤立无援的感觉。尽管她试图积极适应，但在学校的学生干部竞选中连续失败，让她首次尝到失败的苦涩，这对她来说是一个巨大的打击。

这些连续的挫败使她陷入深深的自我怀疑中，情绪变得极其不稳定，常因小事大发雷霆，与室友频繁争执，人际关系急剧恶化。三个月后，丽丽的状态进一步恶化，变得

精神萎靡，缺乏生活热情，甚至出现了自闭倾向。在极度委屈和绝望中，她试图通过服用大量安眠药结束生命，幸运的是被及时发现，得到了救治。

经历这次事件后，她的父母深刻意识到问题的严重性，将她带到医院接受全面检查。尽管身体未受影响，但心理诊断显示她已患有抑郁症。在心理医生的帮助下，她开始接受药物治疗和心理治疗，并保持与医生的定期沟通。经过近一年的治疗和努力，丽丽的情况有了显著的改善，不仅摆脱了之前的不良习惯，还开始享受与人交流的乐趣。

在这段复苏的过程中，丽丽重新发现了自我，她学习了瑜伽，并坚持每日练习，这不仅使她身体更健康，还有助于其心理的平衡与恢复。同时，她的学习成绩也逐渐改善。现在，无论是在老师还是同学眼中，她都重新成为那个充满活力和可爱的女孩，她的事例也鼓励了周围的人，证明了变化是可能的。

（一）树立理想，确立目标

理想和目标是驱动个体前行的重要力量。正如俄国著名作家车尔尼雪夫斯基所言："人的活动如果没有理想的鼓舞，就会变得空虚而渺小。"法国总统戴高乐也指出："伟人之所以伟大，是因为他们立志要成为伟人。"这些话语深刻地揭示了目标意识的重要性。学生应根据社会需求和个人条件，树立正确的人生观、世界观和价值观，确立自己的人生目标，并为之努力奋斗。

（二）正视自我，面对现实

面对心理问题和心理障碍是一个必要的过程。学生应主动学习有关心理健康的知识，正确理解和面对自身可能遇到的心理困难，并在需要时寻求专业的心理咨询或治疗。自我意识是影响心理健康的一个关键因素。个人的认知、情感、意志和信念都受到自我意识的影响。因此，建立一个健全的自我意识是保持情绪和身心健康的基础。学生在发展自我意识的过程中，应积极探索和实现自我，超越自我。

为了更好地认识自我，学生首先需要学会正确地看待社会和人生，通过分析、综合和比较获得的信息，使用合适的社会标准来客观评价自己的优势和劣势，理性地看待自己的得失。

（三）讲究方法，循序渐进

学习心理知识对学会自我调节和培养良好的心理品质至关重要。例如，自我暗示可以增强自信心，帮助学生乐观地面对困难；心理分析法能通过深入分析个人经历和情感，帮助解除心理负担；松弛疗法可用于纠正嗜烟、酗酒、赌博等不良习惯；生物反馈疗法则通过监控和调节生理反应来实现心理调整。根据个人兴趣和实际条件选择适合自己的心理疗法，并坚持实施，可以有效提升心理素质。

（四）积极向上，情绪乐观

建立自尊和自信，对生活持乐观态度，并对未来抱有希望，是保持心理健康的关键。从事自己热爱的活动能激发活力，减少疲劳感；相反，从事自认为无意义的活动会导致烦恼和疲惫。保持乐观的情绪对身心健康具有极大的益处，可以作为抵御负面情绪侵袭的有效屏障。乐观的人通常不易与人争执，能宽容对待生活中的小挫折。此外，开朗的性格有助于在社交中获得他人的接纳和支持，创造和谐的环境，使个体能更好地展示自己的才华。

（五）勇于实践，健全体魄

校园生活为学生提供了一个丰富多彩的活动平台，学生应积极培养广泛的兴趣和爱好。通过参与各种集体活动，学生不仅能够丰富自己的精神生活，还能在这个过程中接受集体的委托和要求，能够在困难和矛盾中得到心理锻炼和成长。这种参与和挑战对于心理的成熟和自我认知的提升是至关重要的。此外，体育运动作为提升身体健康和心理状态的有效途径，对学生的整体发展同样重要。运动能够刺激大脑释放内啡肽，这种神经递质不仅能增加人的愉悦感和放松感，还能有效缓解紧张和消极情绪。因此，定期参加体育活动不仅能保持身体的活力，还能让学生的心情变得更加愉快和积极，从而在学习和日常生活中表现得更加出色。

（六）了解自我，悦纳自我

学生应学会正确评价自己的价值，包括能力、性格、情绪以及优缺点，避免对自己设置不切实际的期望。制定实际的生活目标和理想是自我接纳的一部分。对于自身难以改变的缺陷，学习以平和的态度来接纳。

（七）接受他人，善与他人相处

建立健康的人际关系对心理健康同样重要。学生应乐于与他人交往，不仅要接受自我，也要学会接受和悦纳他人。在人际互动中，应着重培养积极的态度，如同情、友

善、信任和尊重，减少消极情绪如猜疑、嫉妒或敌意的影响。

（八）热爱生活，乐于参加学习和工作

学生应积极参与生活和工作，尽情享受人生的乐趣。在学习和工作中，展现个性和才智，从取得的成果中寻找满足和动力。这种积极的参与不仅能提高学习和工作效率，而且有助于个人的全面发展和情感的积极表达。

（九）能协调与控制情绪，心境良好

培养健康的情绪状态是心理健康的关键。学生应学会乐观、愉快、开朗并保持满意的心态，同时在社会规范允许的范围内满足自己的需求。对于获得的一切保持感恩的心态，这有助于培养正面的情绪和心理状态。

（十）人格和谐完整

人格的和谐发展包括气质、能力、性格、理想、信念、动机、兴趣和人生观等多个方面的协调统一。学生应在不断的生活和学习实践中，完善自己的人格结构，确保对外界刺激的反应平和而适度。

（十一）能够面对并接受现实

面对现实，特别是在逆境中，学生需要积极适应并寻求改变现状，而不是逃避。同时，应当在现实的基础上树立合理的理想，并对自己的能力有足够的认识和信心。

四、如何调适心理问题

心理问题的产生复杂多元，与环境、家庭等因素密切相关，但主要还是源于学生自身。因此，学会正确看待自己并培养良好的心理素质，对每个学生来说是一项必要的技能。以下是一些有效的心理调节方法。

（一）宣泄法

宣泄是处理负面情绪的有效手段。当感到情绪压抑时，可以选择适当的方式释放这些情绪，如大声哭泣或向信任的人倾诉，甚至可以通过写日记的方式来表达内心的不安。

（二）转移法

通过将注意力从消极的情绪或活动转移到积极愉快的活动上，可以有效改善心情。例如，参与体育运动、和朋友外出、看电影等都是不错的选择。

（三）任务分级法

这是处理抑郁症和其他心理问题的常用策略。通过将大目标分解为更小、更易管理的任务，可以逐步恢复个体的活力和动力。例如，制定详细的日常活动表，包括基本的日常活动，如刷牙、洗衣服、读书等。即使任务没有完全按照计划进行，记录下完成的任务也能带来成就感和满足感，有助于缓解沮丧的情绪。随着时间的推移，可以逐渐增加任务的难度和复杂度。

（四）改变自我陈述

自我陈述具有强大的影响力，可以塑造或重塑一个人的自我认知。通过用积极的语言取代消极的自我对话，例如将"我无用"改为"我是有用的"，将"我做不了那件事"转变为"我可以试着去做那件事"，学生可以逐渐建立起自信并增强面对生活挑战的勇气。

（五）充实日常生活

活跃的生活方式对心理健康有着直接的积极影响。适当的体育锻炼不仅可以改善心境，还能减少愤怒和抑郁情绪。此外，经常聆听音乐或者在大自然中散步，都是放松心情和减轻心理压力的有效方式。

（六）及时就医

当发现自己可能有心理问题时，及时求助于专业心理医生是非常重要的。及早发现并处理心理问题，可以防止问题恶化，帮助个体恢复正常生活。专业的心理医生能提供科学的诊断和有效的治疗方案，帮助学生克服心理障碍，恢复健康。

延伸阅读

走出误区，正确认识心理咨询

误区1：做心理咨询的人有精神疾病。

误区2：心理咨询与思想政治教育差不多。

误区3：心理咨询是无所不能的。

心理咨询是由具备专业资格的咨询师通过应用心理学技术所提供的服务，主要通过直接对话的方式进行。这种服务帮助个体深入理解自身，克服生活中的难题，促进心理和情感上的成长。咨询过程不仅是关于问题解决的指导，更是一个自我发现和自我改善的过程，使个体能够学会独立应对挑战，并在此过程中取得个人成就感。心理咨询着眼于帮助那些在日常生活中感到压力和困惑的普通人，通过专业支持，让他们能够更有效地管理自己的生活和挑战。

克服交往心理障碍

单元二　对待情感挫折

交往和社会联系是人类健康成长的基石。心理学家亚伯拉罕·马斯洛强调，人们天生需要归属感和被爱、被尊重的感觉，这些社会需求与基本生理需求同样重要，缺乏这些需求会导致安全感丧失，进而影响心理健康。从社会学和人类学的视角看，群体合作对生物的生存和适应至关重要，这一点不仅适用于人类，也适用于其他许多生物种类。马克思提出的观点认为，人的本质是由各种社会关系构成的，没有社会关系，人的本质也就无法确定。

一、挫折概述

人生充满了挑战和波折，正如股市的波动一样，没有永远的顺境，只有不断的起伏和变化。人们在生活中不可避免地会遇到各种挫折和困难。如同古人所言，"人有悲欢离合，月有阴晴圆缺，此事古难全。"这表明即使期望一帆风顺，现实中的挫折仍是不可避免的。尽管挫折带来打击，但它们也是成长和进步的催化剂。对于学生而言，正确地理解和处理学习过程中的挫折，是成为成功者的关键能力。

生活中的挫折包括失败、阻碍和障碍，可以引发一系列消极情绪和紧张状态。从历史的角度看，"挫折"一词最初在军事上使用，用来描述战争中的失败。在心理学中，挫折被定义为在追求目标的过程中，由于遭遇认为无法克服的障碍而无法满足需求或动机时所产生的紧张和消极情绪。例如，一位学业优秀的学生，因为一场突如其来的疾病错过了重要的考试，这种经历不仅让他感到痛苦和失望，而且这种负面情绪会持续很长时间。

在实际生活中，挫折可以表现在多个场景中：考试前的紧张心理、考试成绩未达预期引起的自卑、与室友的冲突、感情生活的矛盾等。这些情况都可能触发挫折心理，影响个人的情绪和行为。理解生活中的挫折并学会如何应对，对于个人的心理健康和整体发展至关重要。挫折的内涵包括以下三个方面。

（一）挫折情境

挫折情境是指在有目的的活动中遇到的无法满足需求的内部和外部障碍或干扰。这些情境可能包括亲人去世、职业挫败或遭受他人的嘲讽和打击等。这些事件都是造成个人感受到挫折的重要环境因素，它们在个体的生活中构成了产生挫折感的重要条件。

（二）挫折认知

挫折认知涉及个体对挫折情境的感知、理解和评估。不同个体对同一挫折情境的感知和反应可能截然不同，这种差异主要源于个人的知识结构、生长环境和教育背景的不同。例如，两个人可能对同一工作挫败的情境有截然不同的反应和解读，这是因为他们的早期经历、价值观和应对技巧不同。个体的挫折认知不仅影响他们如何评价和理解挫折，也决定了他们承受心理压力的能力和方式。

（三）挫折反应

挫折反应是指个体在面对挫折时的情绪和行为表现，如愤怒、焦虑、逃避或攻击性行为等。这些反应直接受到挫折认知的影响。

在探讨心理挫折时，通常会涉及挫折情境、挫折认知和挫折反应。这三者共同构成了心理挫折的完整框架，但它们的重要性并不完全相同。

在这三个组成部分中，挫折认知是最关键的因素。挫折情境本身并不直接导致具体的心理反应；这些反应是通过个体的挫折认知来调节的。换句话说，是个体对挫折的认知决定了他们的情绪和行为如何反应。例如，当一个人面对被领导批评的情境时，如果他认为这是对自己能力的否定，可能会感到非常沮丧；但如果他认为这是一次学习和改进的机会，他的反应可能会更积极。

如果你在校园里遇到看似不友好的班主任，你的第一反应可能是感到被冷落。然而，如果你的挫折认知使你重新评估这种情况，认为老师可能只是在思考某个问题并没有注意到你，这种认知就可能帮助你减轻负面情绪，避免产生不必要的误会。

因此，挫折的心理影响并非单一方向的结果，而是一个由挫折情境、挫折认知和挫折反应共同作用的复杂过程。正确的挫折认知可以帮助个体更合理地处理生活中的挑战，减少不必要的情绪困扰，并促进心理健康和个人成长。

二、人际交往对人的发展有深远意义

卡尔·罗杰斯是一位著名的心理学家，他的人际关系理论深受自身成长经历的影响。罗杰斯出生在一个虔诚的宗教家庭中，由于家庭的宗教信仰，他在童年时被严格限制与邻居的孩子接触，这导致他经历了较多的孤独和隔离。这种孤立的经历使他对友谊和人际交往有了深刻的渴望与珍视。罗杰斯的理论强调人际交往对个体成长的重要性。他认为，人际关系不仅是可能的，而且对个体极为有益。在他看来，通过人际交流，人们不仅能够交换思想，还能分享深层的情感，如对未来的梦想、内心的感受以及隐秘的冲动等。罗杰斯提出，通过有效的沟通和相互启发，人们可以丰富对方的生活，进而促进个体的个人成长。在罗杰斯的视角中，人际关系是一种深层次的哲学，它涉及的不仅仅是表面的交流，更关乎个体如何通过与他人的相互接纳和探索来实现自我成长和自我实现的需求。他的理论强调了人际交往的深远意义，认为在友谊和人际关系中，个体能够找到真正的自我，实现个人潜能的最大化。

（一）人际交往有助于增进交流，协调关系，促进健康和完善个性

戴尔·卡耐基通过深入的研究提出，在职业成功中，85%取决于良好的人际关系和社交技巧，而专业技术技能仅占15%。他强调，无论在个人还是职业发展中，维持良好的人际关系都是至关重要的。优秀的人际互动不仅促进了有效的团队合作和提升了工作效率，还加强了知识的共享和个人能力的提升，这些都是实现职业和个人成长的关键因素。良好的人际关系有助于构建一个支持性的工作和社会环境，其中包括促进积极的沟通，增强团队成员之间的信任，以及激发创新和创造力。这种互动模式不仅限于消除工作中的障碍，更涉及在面对挑战和压力时提供支持和鼓励。反之，不健康的人际关系可能引起冲突和误解，导致效率低下，甚至影响个人的职业发展和心理健康。因此，发展和维护良好的人际关系不仅是职业发展的需求，更是提高生活质量的重要途径。

（二）人际交往是治疗心理障碍的重要资源

在应对严重的精神障碍和心理危机时，虽然采用的具体方法和技术可能不同，但一个共同的要素是支持性心理治疗的必要性。这种治疗的核心在于来自亲人和朋友的关心

与理解。在个体经历悲观、失意或抑郁的情绪时，亲近的人提供的安慰和关怀可以带来极大的精神慰藉，并激发克服困难的勇气。亲情、友情和爱情构成了人生中至关重要的社会支持系统。这些关系不仅为个体在面对生活挑战时提供必要的情感支持，而且有助于增强个体的心理韧性，使他们能更好地应对心理压力和挑战。因此，维护和珍视这些关系是每个人在心理健康维护中不可或缺的一部分。中职生和所有人一样，应该倍加珍惜这些关系，并积极寻找和培养这样的支持网络，以增强自己在面对生活和学习中困难时的抗压能力和恢复能力。

（三）人际关系是一把双刃剑

人的幸福和痛苦在很大程度上与人际关系的成败密切相关。和谐的人际关系能带来愉快、充实和幸福的感觉，激发个体的积极性，而紧张和失调的人际关系则可能导致烦恼、痛苦和失望。在心理咨询实践中，不良的人际交往经常是中职生面临的主要问题之一。许多中职生的心理问题，无论是直接还是间接，都与人际关系问题有关。例如，一些中职生因为人际关系的困扰而情绪低落，注意力无法集中，学习成绩也随之下降。还有的中职生由于缺乏社交影响力、经验不足或对某些集体成员的不满，而不愿意参加集体活动。此外，还有中职生因为与同学的矛盾而产生了被人议论和攻击的错觉，这些都可能源于不恰当的人际交往。不当的人际交往不仅会损害彼此的关系，影响学业，还可能导致个体感到孤独、空虚、抑郁和自卑，甚至有轻生的念头。例如，因为未能与宿舍同学建立良好的关系而被孤立的情况，就是典型的例子。

三、人际交往中常见的问题

良好的人际交往对中职生的发展具有重要意义。这不仅促进了中职生的社会化进程，加深了自我认识，而且对其个性发展和完善也极为关键，是维持中职生身心健康的一个重要因素。因此，教育者们应当针对中职生的特定需求和特点进行教学，激发他们的学习动力和热情。教师应当创造更多机会让中职生表现自我，并充分发挥中职生的个性特长。这种教育方式可以帮助中职生不断获得成功的体验，从而使他们逐步提高积极性和自信心。通过这种方式，中职生能够建立起对自我的正面看法，为将来的学习和职业生涯打下坚实的基础。此外，中职生也需要努力提升自己的能力和自信，加强社交技能和个人素质的培养。这样在未来的工作中能更加得心应手，处理各种人际关系时也能更加游刃有余。

（一）人际冲突

人际冲突通常发生在中职生群体中，是一种普遍的人际适应问题。这类冲突发生的根源在于中职生的人际关系与他们对理想人际关系的期望不符，导致关系不协调。例如，一些中职生可能对小事采取过激的行动来解决问题，而其他中职生可能因为不愿退让而发生争执，甚至采取报复行为，这些都可能导致心理障碍。

人际关系的不和谐是随时可能发生的，但这种不和谐是否演变成严重的人际冲突往往取决于当事人的情绪调控能力。具有良好情绪调控能力的学生能在冲突发生时有效控制自己的情绪，及时调整并引导交往关系向积极的方向发展。相反，情绪调控能力较弱的学生则可能因为无法控制自己的情绪而加剧了人际冲突的发生。

因此，培养中职生的情绪调控能力是预防和减少人际冲突的关键。教育者和心理咨询师可以通过提供情绪管理的训练和支持，帮助中职生学习如何在面对冲突时保持冷静，采取更为理性和建设性的解决策略。

（二）交往恐惧

交往恐惧是一种常见的人际适应障碍，表现为中职生对人际交往感到极度恐惧和焦虑。这种恐惧可能源自对自身的自卑、对他人的过度戒备，以及羞怯的心理状态，导致中职生在社交场合中感到不适，害怕被评判或看轻。

1. 自卑心理

自卑心理源于个人对自己某些方面的不满，可能是因为生理特征、心理状态或其他个人经历。学生在进入新的学校环境，面对角色和身份的变化时，可能会感到自己不如他人，从而产生强烈的心理冲突和自卑心理（图5-2）。这种感觉使他们害怕进行正常的社交活动，将人际交往视为一种负担或威胁。

图 5-2 自卑心理

2. 戒备心理

戒备心理是在人际交往中由于消极心理因素（如不信任、过往的负面经历）而形成的不合理或固执的心理偏见。这种心理状态会使学生在社交时过分防备，难以敞开心扉与他人建立真诚的联系。

3. 羞怯心理

羞怯或怯场是在与陌生人或异性交往时常见的逃避行为的一种表现。这种心理状态通常伴随着紧张、拘束甚至尴尬感，导致学生在公众场合或集体活动中感到极大的心理压力。他们可能对他人的看法过分敏感，担心自己的表现受到负面评价，从而在需要表达自己时面红耳赤，手足无措。

（三）沟通不良

沟通不良是学生在人际交往中遇到的一个主要问题，它可能源于个体的行为方式或沟通技巧不当。一些学生可能倾向于我行我素，不愿意与他人进行有效沟通；而另一些学生尽管希望能够良好交流，却由于缺乏恰当的沟通技巧，常常引起误解，进一步导致人际关系的紧张和冲突。这种沟通障碍不仅影响了学生的社会融入，还可能成为人际冲突的主要来源。

（四）自我封闭

自我封闭的个体行为主要表现为两个显著的类别。第一个类别包括那些选择与外部世界保持一定距离的人，他们往往不愿透露个人信息，显示出一种自给自足的态度。这些人通过在心理上构建障碍来避免与他人建立深层次的关系。第二个类别是那些本能地寻求与他人互动的人，但由于性格上的障碍，难以打开心房，会极力与他人保持距离。这种性格倾向在集体场合，如学校中特别突出，导致这些学生更喜欢独处，难以与较大的社交群体融合，从而影响整体的社交氛围。

延伸阅读

心理韧性

生活中，我们难免会遇到各种各样的挫折和逆境。无论是工作上的困难，人际关系的挑战，还是个人目标的阻碍，这些挫折都会让我们感到沮丧、失望甚至绝望。然而，正是在逆境中，我们可以培养和增强心理韧性，以应对困难并重新迎接人生的挑战。

心理韧性是指一个人在面对压力、挫折和逆境时，保持积极心态、适应变化、恢复力量并继续前行的能力。它不是一种天生的特质，而是可以通过积极的心理训练和经验的积累来培养和发展。

要树立正确的心态。在面对挫折和逆境时，我们要学会接受现实，并积极面对问题。不要抱怨和消沉，而是要转变思维方式，寻找问题的解决方案。将问题视为挑战，相信自己有能力克服困难，这种积极的心态将帮助我们更好地应对逆境。

要保持积极的情绪和情感调节能力。在面对挫折时，情绪波动是正常的反应，但是我们需要学会控制情绪，避免被消极情绪所主导。寻找适合自己的情感调节方法，比如运动、艺术创作、与亲友交流等，这些方法都可以帮助我们释放负面情绪并调整心态。

建立良好的支持系统也是应对挫折和逆境的重要因素。与家人、朋友、同事建立互相支持和理解的关系，可以在困难时给予我们鼓励和支持。同时，也要学会寻求帮助和倾诉，与他人分享自己的困扰和痛苦，这有助于减轻内心的负担，获得更多的建议和支持。

当我们有了更强的心理韧性时，我们能更加坚韧地面对生活中的各种困难和挑战。挫折不再是终点，而是人生道路上的一道坎，我们可以通过积极的心态和行动，克服挫折，迈向更美好的未来。

单元三　应对家庭变故

受家庭环境潜移默化的影响，遭遇家庭变故的学生往往性格孤僻多疑，思想偏激、消极，心理上自卑、沉郁。当家庭面临巨大变故时，心态的调整是非常重要的。首先，要保持冷静和理智，不要让情绪占据上风。其次，要积极面对现实，不要逃避或否认变故的发生。最后，要充分沟通，尊重彼此，寻找解决问题的方法。

一、家庭变故的概念

家庭变故是指家庭中突然发生的、不可逆转的重大事件，这些事件会导致家庭的状况发生显著变化。家庭变故可能会给家庭和成员带来巨大的影响和冲击，甚至会导致家庭破裂。常见的家庭变故包括：家庭成员的疾病、离世、失业、离婚、家庭暴力等。这些变故可能会给家庭带来经济、心理和情感上的压力，需要家庭成员共同面对和解决。

二、如何面对家庭变故

在人生的道路上，我们都不可避免地会遭遇各种挫折，有时这些挫折来自我们最不愿意面对的地方：家庭。当家庭中发生剧变，比如离婚，这不仅仅是婚姻关系的结束，更是对个体情感世界的深刻冲击。例如，小王的父母离婚后，她感到极度沮丧并开始放弃自我。确实，这样的家庭变故是极其痛苦的，因为它触动了我们内心最深的部分。

生活的不公和痛苦无处不在，正如比尔·盖茨所言："生活本来就是不公平的，除了适应，我们别无他法。"这不是一种无情的接受，而是一种对现实的坚韧和智慧的回应。心理学家也指出，相比其他生活挫折，家庭变故往往更难以克服，因为它们关乎我们最基本的情感依附。

面对如此剧烈的情感波动，有两种选择：你可以选择沉溺于悲伤和自责，让生活变得愁云惨淡；也可以选择用一种更积极的态度来面对，以此来纪念那些虽然离你远去，但深爱你的人。他们留给你的爱是他们最宝贵的遗产，希望你能用这份爱来照亮你前行的道路，而不是让它成为你停滞不前的理由。

因此，在面对生活的不幸和不公时，要尝试从中寻找到成长和前行的力量。这种力量可能来源于对逝去亲人的记忆，也可能来源于对自己未来可能的希望和梦想的坚持。

父母离婚对于孩子来说是一件很困扰的事情。例如，小明今年只有14岁，当他得知父母离婚的消息时，他感到了前所未有的恐惧和迷茫。刚开始的时候，小明非常不适应新的生活环境。他经常在学校失落地坐在一旁，无法专心听课。回家后，他总是独自躲在房间里，抱着玩具熊哭泣。他开始怀疑自己的存在，认为如果自己不在了，就不会有这么多麻烦和痛苦了。

当小明的叔叔知道了这个情况后，开始给予他关怀和支持。叔叔每天放学后都会去接小明，并带他去公园散心。他告诉小明，离婚并不代表父母对他的爱变少了，只是他们无法再住在一起。他还鼓励小明要勇敢面对现实，并希望他能够重新建立亲密关系。

慢慢地，小明开始接受了这个事实，并且开始尝试重新与父母建立亲密关系。他主动跟父母分享自己在学校的趣事，他们也会耐心地听他倾诉。每个周末，小明和父母会一起去看电影、逛街或者一起做游戏，这让小明感到很开心，也逐渐恢复了对家庭的信心。

除了亲密关系，小明还发现了其他应对家庭变故的方式。他开始参加学校的心理辅导课程，学习如何处理情绪和压力。他还加入了一个兴趣小组，结识了一些新朋友。这些方式都帮助他重新找回了生活的乐趣和安全感。

时间过得很快，两年后，小明已经逐渐适应了新的家庭环境。他学会了坦然面对变故，并且变得更加独立和成熟。父母离婚虽然给他的心理留下了阴影，但他通过努力和支持，最终找到了重新建立亲密关系的方法。

这个事例告诉我们，即使面对家庭变故，孩子也能够逐渐恢复正常生活。重要的是给予他们足够的关爱和支持，让他们知道他们并不孤单，而且能够找到自己的力量来应对困难。同时，孩子也需要学会表达自己的情感，并寻求帮助和支持，这将有助于他们重新建立亲密关系，从而过上快乐的生活。

面对家庭变故，对于任何人来说都是一项巨大的挑战，尤其是学生，正处于身心发展的关键时期，可能会感到更加无助和困惑。以下是一些建议，能够帮助学生更好地面对和处理家庭变故。

（一）接受现实，保持冷静

要认识到家庭变故是生活中不可避免的一部分，尽管它可能带来痛苦和困难。尝试保持冷静和理智，更好地应对当前的挑战。

（二）寻求支持，分享感受

和亲密的朋友、家人或老师分享你的感受和困境。他们可以向你提供情感支持和建议。如果有必要的话，也可以寻求学校心理咨询师或专业心理医生的帮助。

（三）调整心态，积极应对

尝试从积极的角度看待家庭变故，将其视为成长和学习的机会。专注于自己能够控制的事情，如学业、个人发展等，以减轻家庭变故带来的负面影响。

（四）承担责任，分担家务

如果家庭变故导致家务负担加重，试着尝试承担一些责任，分担家务劳动。这不仅有助于减轻家人的负担，也能培养自己的责任感和独立性。

（五）保持沟通，理解家人

与家人保持开放和诚实的沟通，了解他们的感受和需要。尝试理解家人的立场和困境，共同寻找解决问题的方法。

（六）关注自我，保持健康

在面对家庭变故时，不要忘记关注自己的身心健康。保持规律的作息，均衡的饮食以及适量的运动，这都有助于你更好地应对困境。

（七）寻求专业帮助，制订计划

如果家庭变故带来的困扰超出了你的应对能力，一是要寻求专业心理咨询或家庭治疗师的帮助。他们可以提供更具体的指导和支持，帮助你制订应对家庭变故的方案。

面对家庭变故时，需要学会接受现实、寻求支持、调整心态、承担责任、保持沟通、关注自我以及寻求专业帮助。通过这些方式，他们可以更好地应对家庭变故带来的挑战，并从中获得成长和力量。

延伸阅读

每年的 5 月 25 日是全国大、中学生心理健康日，这个特殊的日子原先设立为"大学生心理健康日"，后于 2004 年经团中央学校部和全国学联共同决定，扩展到包括中学生。选择 5 月 25 日不仅是因为这一日期是"我爱我"的谐音，鼓励学生们珍视生命，关爱自身；还因为 5 月 4 日是五四青年节，5 月被视为一个充满活力和激情的月份，与青年的精神状态相匹配。心理健康日的核心理念是自我关爱，鼓励学生了解并接纳自己，关注自身的心理健康与心灵成长。通过提升个人的心理素质，不仅能够更好地爱护自己，还能将这种关爱扩展到他人和整个社会，形成积极的心理健康文化。

模块实践

活动与训练

中职学校心理剧创作与表演实训课是一门旨在通过戏剧形式帮助学生认识和解决心理问题的课程。以下是对该课程的详细介绍。

一、课程目标

（一）知识与技能目标

心理剧的实施不仅仅是艺术创作的过程，更是一个心理成长和自我表达的工具。通过编写剧本、参与表演和掌握导演技巧，学生们不只是在艺术上获得成长，更能通过这种方式有效地进行情绪调适。

（二）过程与方法目标

在心理剧活动中，通过构建多样的生活场景——从学校到家庭，从个人内心到社交互动，学生们通过角色扮演和情境模拟深入探讨与朋友、家人的关系以及个人的焦虑和抵触情绪。

（三）情感、态度与价值观目标

通过参与心理剧，学生们学习如何表达自己的感受，这不仅促进了他们的情感释放，也增强了他们的交流能力。

二、角色分配与排练

学生自愿选择或分配角色，确保每个人都能得到充分的表演机会。在排练过程中，注重细节处理，包括角色心理变化、情感表达等。在表演结束后，安排分享环节，让学生交流角色扮演的感受和领悟。鼓励学生站在对方的立场看待问题，改变错误的认知方式。

探索与思考

（1）简述心理健康的重要性。

（2）如何建立积极的情绪？

（3）你认为健康心理包括哪些方面？

（4）遇到挫折后，你会怎么做？

（5）中职生会面临哪些心理困惑？

网络安全　模块六

学习目标

（1）掌握与网络成瘾有关的知识。
（2）掌握与网络谣言有关的知识，并运用到日常生活中。
（3）利用所学知识，正确应对网络诈骗。
（4）培养网络安全意识，正确认识网络安全问题的重要性，加强社会责任感，增强保护自身隐私和信息安全的意识和能力。

导　语

网络正在改变人类的生存方式。

——比尔·盖茨

案例引入

2023年10月末，香港的一位知名富商李×被迫面对一起严重的网络勒索事件，他连续收到三封索要总计三亿港元的电子邮件，这些邮件均来自武汉。该事件随即引起了公安部的高度关注，迅速被定性为特急案件，并要求限期解决。武汉市公安局的网监处行动迅速，成立了专案组来追踪这起案件。通过深入调查和监控网吧活动，警方锁定了几名在校学生作为关键嫌疑人，并对他们进行了细致的画像分析。

专案组民警对涉案的网吧进行了连续多日的秘密监控，其中包括对频繁出入这些网吧的学生进行了详细的背景调查。经过十多天的不懈努力和监控，警方最终在"天际网吧"成功抓获了主要犯罪嫌疑人蔡×。蔡×是就读于武汉一所中等职业学校的一名学生。

总结案例：

青少年涉及的违法犯罪活动不断引起公众的广泛关注，尤其是犯罪行为的低龄化、职业化及其残忍性等特点更是匪夷所思。这些犯罪行为的背后，不仅有网络的隐蔽性、犯罪成本低廉以及高额利润的诱惑，更有青少年本身身心发展的不成熟和对法律的认知不足等内在因素。在众多不良影响的推动下，部分青少年易被网络犯罪团伙所利用，这不仅对他们个人的成长和未来造成严重影响，同时也给家庭和社会带来了深远的负面后果。

单元一 网络成瘾

从 2000 年开始，互联网开始广泛融入我们的日常生活，并在全球范围内普及，这极大地便利和改善了我们的生活。然而，这种便利性也带来了副作用，尤其是在青少年中，网络成瘾问题逐渐显现。网络成瘾，被定义为在没有成瘾物质的作用下，个体对互联网使用出现控制力缺失的现象。这种状态不仅仅是频繁地上网，而是过度使用互联网到达严重影响个人的学业、职业生活以及社会交往能力的地步。为了诊断网络成瘾障碍，持续时间被视为一个重要的判断标准。通常，相关的冲动和行为必须持续至少 12 个月才能被正式确诊为网络成瘾。

一、网瘾的概念

网络成瘾通常被简称为"网瘾"，描述了一种个体因长时间和习惯性地沉浸于网络而无法自拔的心理和行为状态。在这种状态中，个体对互联网产生了强烈依赖，以至于到达了痴迷的程度。虽然互联网为用户提供了便捷和信息，但当过度使用时，它也可能严重干扰个体的生活、学习和工作。

在社会对网瘾的理解和处理上存在诸多误区。首先，对于网瘾的概念和医学定义并没有达到统一共识。虽然"网瘾"一词广泛使用，但医学界对其正式定义仍有争议。大多数学者倾向于将其描述为网络的过度使用、滥用或病理性使用。

二、网络成瘾的危害

网上不乏极端上网猝死案例，但在惨剧发生之前，殊不知身心早已悄悄抗议。

（一）躯体方面

长期的网络使用已被证实会导致多种躯体健康问题。常见的身体不适包括视力减退、肩背部肌肉劳损、生物钟失调及睡眠节奏的混乱，还可能出现食欲不振和消化功能紊乱。此外，减少或停止上网活动时，人们可能会遭遇躯体戒断反应，如失眠、头痛和注意力难以集中等。这些症状进一步凸显了网络成瘾对身体健康的负面影响，必须认真对待和及时干预[1]。

（二）心理方面

当尝试停止上网时，成瘾者常表现出对互联网的强烈渴望，难以自控其对上网的需要或冲动。这种持续的心理状态易导致注意力涣散、记忆力下降和反应迟缓。沉浸在虚拟世界中的个体往往与现实世界产生隔阂，表现为人际关系的冷漠、缺乏时间观念，并常常处于逃避网络与面对现实的心理冲突中，最终可能导致情绪低落、悲观和消极情绪的积累。

（三）行为方面

网络成瘾也极大地影响了个体的行为模式。成瘾者常表现出强烈的上网冲动，不惜花学费和生活费，甚至通过借款、欺诈和盗窃的方式满足上网的需求。这种行为干扰了他们的学业进程，尤其是网络游戏成瘾者通常无法在课堂上集中精力，从而导致成绩下滑，严重时甚至出现逃课和辍学的情况。

三、如何戒除网瘾

网络成瘾不仅对个体的身体和心理健康造成显著影响，还对社会产生了不可忽视的负面影响。在生理层面，成瘾者常见的症状包括睡眠紊乱、持续性头痛和食欲不振等。这些症状不仅削弱了个体的生活质量，也增加了恢复健康的难度和医疗成本。从心理健康的角度来看，网络成瘾引发的问题更为复杂。成瘾者可能表现出自卑感，常常无缘无故地发脾气，对周围的事物易感到激怒或烦躁，且常常情感淡漠，难以与人建立和维护正常的人际关系。

学生戒除网瘾是一个涉及自我管理、心理调适和生活习惯改变的过程。

---

[1] 张树启. 移动互联网时代大学生网络安全教育的策略研究[J]. 学校党建与思想教育, 2022（24）: 63-65.

（一）设定明确目标

确定自己为何想要戒除网瘾，是为了学业、健康、社交还是为了个人成长。设定具体、可衡量的目标，如每天减少上网时间1小时，逐渐降低。

（二）制订合理计划

规划每日的学习、休息和娱乐时间，确保有足够的时间进行线下活动。使用时间管理工具或应用软件来追踪上网时间，提醒自己遵守计划。

（三）培养替代兴趣

寻找并培养新的兴趣爱好，如运动、阅读、绘画、音乐等，以替代上网活动。参与社团或课外活动，增加与现实世界的互动。

（四）建立社交支持

向家人、朋友分享自己戒除网瘾的计划，寻求他们的理解和支持。邀请朋友一起参与线下活动，增强社交联系。

（五）自我反思与调整

定期回顾自己的上网行为，识别触发网瘾的因素，如无聊、压力等。根据实际情况调整计划，保持灵活性，但确保不偏离戒断网瘾的总体目标。

（六）寻求专业帮助

如果发现自己无法独自应对网瘾问题，不妨寻求心理咨询师或专业机构的帮助。参加戒除网瘾工作坊或课程，学习更有效的自我管理技巧。

（七）坚持与自我激励

给自己设定奖励机制，每当达到一个小目标时就给予自己一些奖励。保持积极的心态，相信自己能够戒除网瘾，实现更健康的生活方式。

通过实施这些策略，学生可以逐步减少上网时间，恢复对现实生活的热情和参与度，从而成功戒除网瘾。学生要戒除网瘾重要的是要保持耐心和坚持，因为改变习惯需要时间和努力。

延伸阅读

"防迷网"三字文

教育部发出《致全国中小学生家长的一封信》，引导家长积极、快速行动起来，有效预防中小学生沉迷网络。信中还有"防迷网"三字文，朗朗上口，便于记忆。

互联网，信息广，助学习，促成长。
迷网络，害健康，五个要，记心上。
要指引，履职责，教有方，辨不良。
要身教，行文明，做表率，涵素养。
要陪伴，融亲情，广爱好，重日常。
要疏导，察心理，舒情绪，育心康。
要协同，联家校，勤沟通，强预防。

单元二　网络谣言

近年来，随着网络社交媒体的广泛应用，网络谣言呈现出显著特征，包括传播速度快、范围广、影响力大以及高危害性。由于其真伪难辨、蛊惑性强，容易引发严重的社会问题，甚至可能导致社会动荡和政局失稳。回望过去的2023年，在此起彼伏的国际国内热点事件中，涉及社会事件、自然灾害等公众关心、关切领域的网络谣言不时出现，污染了网络生态，也误导了公众认知。

一、网络谣言的概念

网络谣言是指通过网络介质（如网络论坛、社交网站、聊天软件等）传播，缺乏事实依据且具有攻击性、目的性的不实信息。

二、识别谣言的方法

网络谣言通常具有夸大事件严重性、断章取义、移花接木等特点。为了判断所看到的信息是否真实，可以从以下三个角度进行考量：

（一）文章发布的权威性

注意观察文章结尾是否有署名或标注出处，以判断其是否由权威媒体或机构发布，避免被作者的主观臆测所误导。

（二）内容观点的客观性

阅读时，留意文章是否存在夸大事实、以偏概全、断章取义、极端言论或文不对题等表达方式。

（三）浏览页面的健康性

警惕部分平台为吸引关注而使用色情、浮夸等类型的图片作为封面，或页面充斥大量广告、网络小说链接等不健康的内容。这些通常是吸引点击和传播的手段，而非传递真实信息的途径[①]。

三、传播网络谣言的原因

从传播学的视角来分析，信息传递过程中不可避免地会受到各种噪声的干扰，这种干扰会随着传播的时间延长和路径的增加而加剧，导致信息的原始内容逐渐失真。尤其是在谣言的传播中，这一现象尤为明显。谣言通常通过口头交流、互联网和手机消息转发等途径传播，涉及多个不同的信息接收者和发送者。在谣言的传播过程中，每一个信息的接收者同时也可能成为下一轮传播的发送者。这些个体在接收到信息后，往往会根据自己的偏好、情绪和预设想象，对信息进行主观的编辑和加工。这种主观处理不仅影响了信息的客观性，还可能导致信息中真实成分的递减，从而使信息的失真度逐步加大。

（一）个人情感的干扰

学生在网络空间中常常出于个人情感的驱动进行信息的发布和转发。当遇到可能威胁到自己或家人的信息时，即使无法验证其真实性，也往往会出于防患于未然的心理转

---

① 刘佳. 将网络信息安全教育融入中职学校计算机网络教学中的策略[J]. 办公自动化，2021，26（20）：45-46.

发这些信息，从而无意中参与了谣言的传播。此外，由于学生普遍愿意在网络上分享个人生活，使他们在处理信息时更容易受到个人情绪的影响，从而削弱了他们对谣言的辨识和抵抗能力。

（二）纯粹的习惯性转发

在学校这种半封闭型的社会环境中，学生在成长的过程中往往害怕被孤立，害怕自己的意见与集体意见不合而遭到排斥。这种心理促使他们在面对网络谣言时，往往跳过求证的步骤，直接转发，因而无意中成为谣言的传播者。网络谣言由于在一定程度上获得了信任度，往往被视为"多数意见"，在学生中不断发酵。

（三）借助转发谣言来宣泄心中的不满情绪

学生传谣的心理可能源于对某一事件或现象的误解，没有经过再次核实便将信息发布到网络上，从而产生不良影响；也可能是出于引起关注的目的，故意编造并传播谣言。在面对网络中知识和观点的爆炸性增长时，学生的知识结构、思维观点以及价值观都在发生变化。特别是在利己主义和个人自由主义观念的影响下，学生的价值观扭曲，导致公民责任感的缺失和网络行为的失范，从而更容易出现造谣和传谣的行为。

四、如何应对网络谣言

在移动互联网时代，技术的飞速发展极大地改变了信息传播的方式。社交媒体平台使信息交流变得前所未有的便捷，用户可以轻松地在任何时间和地点发布、接收并传播信息。智能手机的广泛使用更是促使每个人都能够在网络上分享自己的观点和情感。然而，这种信息传播的便捷性同时也带来了一系列社会问题，其中网络谣言的问题尤为突出。网络谣言在各种重大突发公共事件中的传播，具有极大的社会影响力。谣言能够通过虚假信息误导公众，不仅可能引发群体性恐慌，还可能导致严重的社会舆情危机，进一步造成社会心理的不稳定。网络谣言利用网络传播的快速性和广泛覆盖面，极易引起公众的误解和社会的不和谐，这种现象的危害性不容忽视。因此，解决网络谣言问题迫切需要相关人员从多个角度进行深入研究。首先，应该详细分析网络谣言的传播路径和特点，了解其扩散机制和影响范围。其次，必须加强法律法规建设，运用法律手段对散播谣言的行为进行严肃整治。此外，还需要加强公众的信息素养教育，提高人们的辨识能力，使公众能够识别和抵制网络谣言，共同维护清朗的网络环境。

（一）坚持提高自身知识水平和辨别能力

在信息爆炸时代，谣言如同野火般蔓延，对社会造成不小的冲击。智者往往通过理性分析和严谨的批判性思维来防止其扩散。智者通常具备较高的认知能力和批判性思维，他们不会轻易相信未经证实的信息，而是会主动寻求证据，分析信息的来源、真实性和合理性。此外，通过多角度思考和科学的价值取向，个体能够更加理性地消费和分享信息，从而促进网络环境的健康发展。培养高水平的媒介道德意识，不仅有助于个体防范谣言的侵扰，也有助于构建一个真实可信的网络社会。

（二）网络群体间的观点碰撞

中职生经常接触到各种网络信息，包括不少未经验证的谣言。通过与同学和室友的讨论，他们可以从多个角度审视这些信息。这种集体讨论帮助中职生深入理解事件的多重视角，从而增强自身的批判性思维能力。同学间的讨论不仅是信息筛选的过程，也是一种社会化的认知活动，它有助于中职生形成对群体意识的正确看法，避免因"沉默的螺旋"现象而对信息产生误解。

（三）主动求证

面对那些用现有知识难以解释的信息，中职生应采取主动求证的策略。这包括验证信息的来源、跟踪信息的传播过程以及关注事件的最新报道。通过这种方式，学生能够从多个渠道获取相关信息，从而更准确地判断谣言的真伪。这种主动的信息求证不仅提高了学生对信息的处理能力，也提高了他们在网络社区中的独立思考和判断力。由于学生在网络环境中频繁活动，对网络社区的工作机制和谣言的传播路径通常有较深的理解，这使他们在面对不确定信息时，能够通过深入思考和积极验证来获得更全面的认识。

延伸阅读

制造网络谣言会触犯法律

在信息技术迅猛发展的今天，互联网早已成为主流的信息获取方式，但这一发展趋势同时也伴随着信息虚假化的严重问题。网络谣言的传播不仅对社会造成了广泛的不良影响，更对国家安全构成了直接的威胁。

《中华人民共和国刑法》第二百九十一条之一对于编造和传播虚假信息设定了明确的刑事责任。该法条规定，编造虚假的险情、疫情、灾情、警情，在信息网络或其他媒体上传播，或者明知是上述虚假信息，故意在信息网络或者其他媒体上传播，严重扰乱社会秩序的，处三年以下有期徒刑、拘役或管制；造成严重后果的，处三年以上七年以下有期徒刑。此外，《治安管理处罚法》第二十五条也对散布谣言、谎报各种紧急情况等行为设立了行政处罚，规定可处短期拘留并可能附加罚款，对情节较轻的行为也有明确的处罚规定。

在这样的法律框架下，公民应承担起不信谣、不传谣、不造谣的社会责任，以维护信息传递的清晰和真实。国家和政府则需要通过进一步完善法律法规，强化监管措施，确保网络信息的真实性和网络环境的健康有序。只有社会各界共同努力，才能有效遏制谣言的传播，保障社会的稳定和国家的安全，从而共同推动构建一个和谐稳定、信息真实可靠的社会环境，为未来的发展创造良好的基础。

单元三　网络诈骗

网络诈骗预防　　遇到电信诈骗如何处理

网络诈骗是一种利用互联网进行的犯罪活动，主要目的是非法获取他人财物。这种犯罪形式通常涉及虚构事实或隐瞒真相，以此误导受害人，涉及的金额往往较大。电话诈骗则是网络诈骗中的一种典型表现形式，它利用电话、网络或短信等通信工具，编造各种虚假信息以构建诈骗局。这类诈骗行为的特点是远程操作和非接触性交互，使得犯罪分子可以在匿名和隐蔽的环境下操作，大大降低了被捕的风险。常见的诈骗手法包括冒充政府机构，如公检法等，这些机构通常被公众视为可信赖的，因此诈骗分子利用这种信任感，诱导受害人进行汇款或转账。谨防网络诈骗宣传图，如图6-1所示。

图6-1　谨防网络诈骗宣传图

一、预防网络电话诈骗

随着计算机和互联网的广泛普及,网络诈骗,特别是长途电话费诈骗案件逐渐增多,因而给许多警惕性不高的用户带来了巨大的经济损失。以福州为例,其电信部门接收到了多起关于意外高额国际电话费的投诉,例如,不少人由于好奇浏览非法网站,或者用于打发时间的无目的上网冲浪,甚至儿童使用电脑玩耍,都可能无意中触发了隐藏的自动拨号软件,导致账单中出现高额的国际电话费。

这类诈骗通常隐藏在某些成人网站中的自动拨号软件里。当用户在不知情的情况下点击这些网站时,计算机会自动切断本地互联网连接,改为通过长途电话线路拨号上网,从而在用户浏览时不知不觉中产生高昂的国际长途电话费。此外,这些网站还可能成为黑客的藏身之地,一旦用户访问这些网站,其个人信息如上网账号和密码就有被盗取的风险。

因此,电信专家提醒用户,在使用电话拨号上网服务时,应采取一系列预防措施:比如为具有国际长途直拨功能的服务设置加锁限制,定期更换密码,避免浏览含有安全风险的色情网站,不随意下载未知来源的软件,尤其是含有拨号功能的软件。这些软件通常会自动执行安装,并可能在用户不知情的情况下导致计算机自动或被远程控制拨打长途电话线路,连接到国外的网站,最终导致用户在无意识的情况下产生高昂的国际长途电话费。

二、预防网络聊天诈骗

随着互联网的普及,网络聊天虽方便,但也容易成为诈骗的工具。中职生特别需要提高警惕,可采取以下措施保护自己。

(1)不要轻信网友的约见:与网友见面前应与信任的家人或朋友商议。

(2)保护个人信息:不要泄露家庭财产、银行或信用卡信息。

(3)避免在网吧等公共场所进行金融操作:以防信息被盗。

(4)核实网站真伪:登录重要网站前,确认网址的正确性。

(5)警惕不明信息:对于未知的电话、短信或邮件,直接向银行或相关机构核实。

三、预防 QQ 号被盗取

网络聊天虽是现代沟通的一种便捷方式,但它也成为诈骗犯的工具之一。通过以下三种常见手段,诈骗犯可能会在不知不觉中窃取财物或个人信息:

（1）盗取账号进行诈骗：诈骗犯通过木马程序等恶意软件盗取用户的QQ账号，然后冒充该用户向其好友进行诈骗。

（2）种植电脑病毒：通过发送带有病毒的文件或链接，获取受害者的计算机控制权或银行账户信息。

（3）利用同情诈骗：诈骗犯通过制造假故事，如贫困、病痛等，激发受害者的同情心，进而诱导其转账汇款。

例如，有报道称一个男孩通过QQ与一位女孩聊天，该女孩声称自己遇到困难并需要路费来北京会面。男孩很同情女孩的遭遇，然后给女孩转账2 000元，随后女孩便消失得无影无踪。另一个案例中，郭×在QQ上与一名自称是其同学的人聊天，被骗转账100元，随后发现自己的QQ号被盗，并且骗子还利用他的账号向其他人进行诈骗。

四、预防网络短信诈骗

网络短信诈骗就是诈骗者利用网络群发短信的便利条件进行诈骗活动。网络短信诈骗活动大致有以下四种形式：

（一）伪装成朋友

"××，我正在外出差，手机马上欠费了，帮我买张充值卡，卡号和密码用短信发给我。"

（二）以中奖作为幌子

"我是××公证处公证员××，恭喜你在××活动中中奖了，奖品是×××，价值×××万元，请你带着本人身份证和750元手续费去××处领奖。"

（三）冒充通信运营商

"你好，××通信公司现在将对您的手机进行线路检测，请您暂时关闭手机3个小时。"

（四）假装银行机构

"尊敬的××银行客户您好！因日前发生多起资料外泄取款卡遭复制盗领事件，为避免被盗领，请立即与××金融相关单位联系，电话号码：×××××××。"

"×××您好！你的储蓄卡于××（多为商场或其他消费场所）刷卡消费

×××元成功，此笔消费将从您账上扣除。如有疑问请拨××××××，××金融相关单位。"

五、有效防范网络短信诈骗

在现代社会，网络、短信和电话诈骗事件频发，很大程度上是因为中职生缺乏足够的风险防范意识。诈骗团伙虽然手段并不复杂，但常因消费者的粗心或贪图小利而得手。要有效避免这些风险，中职生必须注重细节，提高警觉，并了解常见的诈骗手段。

随着网络技术的发展，银行会提供交易短信提醒服务，正规短信通常会包含交易的银行卡号的部分信息，这有助于辨识真伪。使用家长的信用卡时，中职生应增强安全意识，详细了解银行的安全使用指南，妥善保管银行卡和密码，避免泄露敏感信息，不随意向陌生账户转账，这些措施都能保护个人财物不受损失。

对于声称中奖的短信，应警惕其可能是诈骗行为，避免因小利益诱惑而落入陷阱。一旦遭遇诈骗，应立即报警并积极配合警方调查，共同打击犯罪活动。

在网上购物时，首先应验证网站的可靠性，优先选择知名网站进行购物。在购买前可通过多种渠道了解商品的性能和价格，确保交易的安全。购物时应保存交易的证明文件或电子凭证，并在收货时仔细检查商品以确保其真实性。

六、预防网络交友诈骗

网络已成为现代社会的重要生活方式，但也滋生了许多诈骗行为，尤其是在未成年人中。互联网虽然拓展了社交空间，但也带来了新的风险，如引诱、教唆和性骚扰。调查显示，在使用网络聊天室的儿童中，每五个就有一个经历过骚扰。因此，对于未成年人而言，网络聊天和交友需格外谨慎，以免受到不良影响或陷入陷阱。

七、预防网络情感诈骗

网络情感诈骗是一种通过伪装恋爱关系来诱骗受害者财物的犯罪行为。例如，一位受害者在网络上遇到一位自称姓杨的女子，并迅速发展成恋爱关系。该女子不久便提出结婚，并以需要回老家办理结婚证明为由，诱骗受害者支付了3 000元现金，之后便消失得无影无踪。

八、预防网上劫匪

还有一些犯罪分子利用网友的外衣图色图财。一天晚上，15岁的中职生赵×在网上遇到网名为"眼神"的男孩。两人一"见"如故，并在电话里约定在××网吧见面。20分钟后，赵某在那家网吧见到了"眼神"及另外两名男青年。几人在饭店吃完晚餐后，"眼神"提出先送两位朋友回家，再送赵×，四人同乘一辆出租车，不一会儿便出了市区。途中赵×要求下车，遭到拒绝。三名男青年将赵某拖进一处平房，实施侵害。随后抢走了她的手机和1 500元现金。

网上交友聊天，某种程度上能够释放中职生在学习中的紧张情绪，或多或少地能丰富学生的精神生活，老师和家长不应全盘反对。但是，中职生务必小心网上陷阱，在网上交友时应做到：不要向网友说出自己的真实姓名和地址、电话、学校名称、密码等个人信息；不与网友见面，如非见面不可，也一定要去人多的场所见面，切不可去宾馆、私宅等处所见面；对网上求爱者不予理睬；对谈话低俗的网友，不要反驳或者回答，而是不予理睬，也不要再用过去的网名上网。

延伸阅读

网络购物已经成为现代生活的一部分，特别是在青少年中，因其便捷和流行特性而受到极大欢迎。尽管如此，网络购物也带来了一系列安全挑战，尤其是网络诈骗问题。诈骗者利用互联网的匿名性和跨地理的优势，通过复杂的手段行骗，而且在作案后迅速消除所有在线痕迹并更换身份。

为了防范这些风险，青少年在网络购物中应遵循几个关键的安全原则：详细了解商品的市场信息和价格；核实卖家的详细信息；在信誉良好的电商平台购物；收到商品后应立即验货；对于要求预付定金的情况持谨慎态度；保护个人信息安全，避免在公共电脑上进行登录和支付操作。若不慎陷入网络诈骗，应迅速向警方或有关部门报告。

模块实践

活动与训练

中职学校开展网络安全的实训活动是一个非常重要的举措，能够提高中职生对网络安全的认识，以应对日益增多的网络安全威胁。

1. 活动目的

增强中职生的网络安全意识，使其在日常生活中也能采取安全措施。

2. 设计实训内容

包括网络安全的基础知识、最新威胁趋势、法律法规等。

3. 实操演练

密码安全：教授强密码的创建和管理。

恶意软件分析：学习如何识别和清除恶意软件。

网络攻防：通过模拟攻击和防御场景，提高中职生的实战能力。

案例分析：分析真实的网络安全事件，让中职生理解攻击的后果和防范措施。

4. 实施实训活动

分组合作：鼓励中职生分组进行实训，培养团队合作精神。

导师指导：配备有经验的导师，为中职生提供实时指导和反馈。

定期评估：通过测试、项目作业和实战演练来评估中职生的学习进度。

教育中职生了解网络安全相关的法律法规，如《中华人民共和国网络安全法》，强调合法合规使用网络的重要性。

通过上述步骤，中职学校可以有效地开展网络安全实训活动，从而提升中职生的专业技能，增强他们的网络安全意识和责任感，为社会培养更多具备网络安全素养的人才。

探索与思考

（1）你碰到过网络骗子吗？你是如何应对网络骗子的？

（2）利用网络进行违法活动需要承担法律责任吗？

（3）结合你的生活经验，谈谈沉迷网络游戏的危害。

（4）你经常在网络上购物吗？网络购物需要注意什么？

（5）网络短信诈骗有哪些方式？

（6）网络广告诈骗有哪些方式？

（7）如何避免网络黑客诈骗？

实训实习安全

模块七

学习目标

（1）清楚勤工俭学时容易出现的陷阱。

（2）通过学习，掌握实习规程的相关知识。

（3）知道如何求职择业。

（4）学习实训实习安全知识，全面提高职业素养，培养敬业精神、责任意识、安全意识及良好的就业心态，保证实习工作顺利进行，保障个人安全。

导语

法律是社会的习惯和思想的结晶。

——托·伍·威尔逊

案例引入

文文是一名即将毕业的中职生，她对未来的就业情况感到担忧，于是在网上探寻创业的可能性。一条回帖引起了她的注意，这条帖子中提出了一个据称每天可赚取 1 000 元的低投资项目。通过微信，这位声称是"小姐姐"的用户用甜美的语音和支付宝的收益截图来博取信任。她介绍说，这个项目依赖于一个涉及支付宝红包的脚本程序，文文需要投入 2 万元用于技术设备和程序开发。

被连日来的高收益截图所诱，文文毫不犹豫地投入了资金，然而在转账后，"小姐姐"便消失了，所有联系方式均被封锁。随后文文报警，警方很快逮捕了嫌疑人——20 岁无业男青年张×。进一步调查显示，整个支付宝红包赚钱方案是一个骗局，所有相关的收益截图均是伪造的。

总结案例：

新近毕业的中职生在求职市场上常因急于就业而缺乏对潜在雇主的审慎评估。在寻找工作时，他们往往一心只想快速就业，这种急切的心态使他们容易忽略对工作职位和用人单位的深入了解。一些不良企业正是利用这种心理，设置了种种陷阱，如非法收费、虚假招聘、过度承诺等，这些行为不仅可能导致求职者遭受财物损失，还可能带来心理上的恐惧与不安，从而对初入职场的学生造成长远的影响。

因此，中职毕业生在求职时应保持警惕，避免因急于求成而忽视对用人单位的客观评估。在接受任何职位之前，应详细了解该单位的背景、信誉及工作条件，不应轻信虚假广告或不实承诺。此外，求职者应充分利用各种资源，如职业咨询服务、行业论坛等，以获取更多关于潜在雇主的信息。

单元一　警惕勤工俭学陷阱

中职生在校学习期间，由于课程安排相对宽松，许多中职生利用课余时间进行兼职，以赚取生活费并积累社会经验。兼职不仅有助于提高个人技能，也是中职生接触社会的一种方式。然而，由于缺乏社会经验，中职生很容易成为不法分子设下陷阱的目标。这些陷阱可能导致中职生财产损失，有的甚至危及个人安全。因此，作为一名中职生，识别并避免兼职陷阱是非常重要的。在选择兼职时，中职生应当仔细审查工作单位的信誉和工作内容，避免涉及不明确的付款条件和模糊的工作责任。在工作中，一旦感觉到不适或发现任何非法行为，应立即停止工作并寻求帮助。此外，中职生应学习相关的法律知识，了解自己的权利，以及如何在权益受到侵犯时通过法律途径进行维权。可以通过学校提供的法律咨询服务、参加法律知识讲座等方式提高自己的法律意识。

一、校外勤工助学、兼职安全

中职生参与校外勤工助学和兼职活动是其与社会直接接触的重要方式，但这一过程也会使他们置于众多安全风险和不法行为的威胁之中。为了确保他们在兼职时的安全，需要认真防范以下几类常见的风险：

（一）兼职外出过程中的交通安全隐患

在外出兼职过程中，中职生应严格遵守交通规则，注意行车安全。交通拥堵和疏忽大意是导致事故发生的主要原因，因此在通勤时应保持警觉，避免不规范的行车行为。

（二）兼职工作过程中存在的安全隐患

勤工助学中，中职生可能遇到用人单位不履行协议，要求从事非约定工作的情况，特别是在户外或物理劳动密集的工作中，安全保障往往不足。中职生应在接受职位前清楚了解工作内容和环境，确保有必要的安全措施。

（三）陷于违法犯罪分子的诈骗圈套，被违法分子利用

不法分子可能会利用中职生经验不足，以各种诱人的条件诱骗他们加入非法组织，如传销或其他违法活动。中职生应警惕过于优厚的工作条件，对于不明确的工作背景要进行深入调查。

（四）寻找兼职信息过程中的中介欺诈隐患

当今市场上有一些以营利为目的的非法中介机构。这些机构可能在收取费用后不提供任何后续服务或失联。中职生在寻找兼职工作时应通过可靠的中介机构，避免直接与不讲信誉的中介机构打交道。警惕求职陷阱，如图7-1所示。

图7-1 警惕求职陷阱

（五）兼职过程中可能出现的安全隐患

在网络上寻找兼职时，中职生可能遇到虚假招聘信息，特别是那些标榜高薪但却位于娱乐场所的工作。对于这类信息，中职生应保持警觉，避免被虚假广告所欺骗，必要时应向警方报告。

二、预防勤工俭学陷阱的措施

学生参加校外勤工助学和兼职是增长经验并赚取额外收入的好机会。然而，这也可能将学生置于潜在的风险之中，尤其是当涉及不法分子或不安全的工作环境时。因此，学生在寻找和参与兼职时需要格外小心，并采取一系列的安全措施来保护自己。

首先，学生在接受任何兼职之前，应详细了解工作的性质、时间、地点和待遇。必须与用人单位签订明确的协议书，特别是对于那些可能存在安全隐患的工作，如家教或需要在晚间工作的职位。对于工作地点可疑或信息不透明的工作，学生应予以避免。

学生在签订协议时，应确保协议中包含用人单位的完整信息和联系方式，并在签署前验证对方的身份证件。对于涉及预付费用的工作，如培训费或押金，学生应持谨慎态度，并尽量避免接受那些要求此类费用的工作。

在兼职过程中，学生应与亲友保持联系，告知他们自己的工作地点和工作时间，尤其是在晚上工作时。建议学生结伴同行，避免独自一人深夜外出工作。此外，学生在接受任何工作邀请时，都应有清晰的回程计划，并与宿舍人员或家人保持联系。

在求职面谈时，学生应选择在公共场所进行，并尽量有亲友陪同。面试时避免接受食物或饮料，并注意观察面试者的言行举止。注意：只提供证件的复印件，避免交出原件。学生在寻找和参与兼职时，安全应当是首先要考虑的因素。采取适当的预防措施和保持警觉，学生可以最大限度地减少风险，确保自己的权益得到保护。中介机构迷惑陷阱，如图7-2所示。

图7-2 中介机构迷惑陷阱

（一）保障自己的权益不受侵犯

勤工助学的学生按月获得的薪资不应低于当地的最低经济保障水平，以确保基本生活需求得到满足。在从事校外兼职时，学生的薪水同样要符合或超过当地的最低工资要求，这一薪酬级别应由雇主、学校和学生三方共同协定，并明确在合同中记录。对于经历不公正待遇的学生来说，采取法律行动不仅是保护个人权益的必要手段，也是防止非法行为进一步侵害的关键策略。

（二）学生在开始兼职活动前应当与有关单位签订协议，保护自身的合法权益

勤工助学协议书应明确规定用人单位和学生双方的权利与义务，包括意外伤害事故的处理和争议解决方案。当学生在劳务合作中遇到权益纠纷时，应立即向所在学校汇报情况，学校需积极介入，协助解决争议，确保学生权益不受侵害。学生在接受职位时，不应轻信高薪或高待遇的承诺，尤其是来自过于熟悉的个人或组织，以防落入传销等欺诈陷阱。若遭遇可疑情况，学生应寻找借口离开并立即与学校联系，如情况紧急，应毫不犹豫地拨打110报警。此外，学生应深入了解国家有关维权的法律法规，当权益受损时能够利用法律手段进行自我保护。

延伸阅读

伟人的"勤工俭学"

倘若百年前也有微信朋友圈，当赵世炎在"朋友圈"发出这样令人热血沸腾的话语，下面必定会有很多人点赞，其中可能会有聂荣臻、周恩来……在十月革命和五四新文化运动的影响和推动下，大批青年知识分子抱着学习新思想、寻找改造中国途径的目的赴法勤工俭学。

重庆酉阳人赵世炎属于第15批赴法勤工俭学的青年，他在李大钊的指导下制订了勤工俭学计划，虽然知道那边条件极其艰苦，1920年5月9日，赵世炎等人仍义无反顾地登上"阿尔芒勃西"号从上海杨树浦码头出发，踏上了赴法勤工俭学的道路。

当时学生们乘坐的多是四等舱，生活环境恶劣。尽管同船的人十有八九唉声叹气，懊恼沮丧，但赵世炎在写给《晨报》关于赴法航海情况的报道中，却以非常乐观的态度，讲述了船上的一些趣事，还在船上成立了"航海自治团"，与其他同学负责船上的饮食改良、开通窗户、清洁厕所等问题的交涉，给在船上的勤工俭学的学生们创造了一个有序的生活环境。

与他同时赴法的现代著名诗人、翻译家萧三与赵世炎是同舱，他曾在回忆录中形容：赵世炎活泼开朗，坦率直爽，很易接近，被公推为负责人。

经历了40多天的海上颠簸，1920年6月15日，赵世炎等人乘坐的邮轮终于抵达马赛码头，几天后他来到了巴黎。虽然生活艰辛，但赵世炎始终保持乐观，边做苦工边学习。

安全教育

1920年冬，赵世炎与李季达、陈毅等一百多名学生进入法国的钢铁厂工作，体验了艰苦的劳动生活。赵世炎从事着各种体力劳动，住宿条件简陋，一天工作超过十小时。通过这种经历，他们深刻体验到工人阶级的生活和困境，使得他们与工人阶级的关系日益紧密，逐步认同并融入工人阶级。

这些留法学生经历了包括"二二八运动"和"拒款运动"在内的一系列斗争，但均以失败告终，这些失败的经验使他们认识到单靠勤工俭学无法实现社会的根本改造。从而，他们开始接受马克思主义理念，主张通过社会革命来改造中国。1920年12月31日，赵世炎等22人还联合提出了《留法勤工俭学生对华法教育会之要求》，倡议在法国各地的工业学校和工厂中为勤工俭学的学生开设特别班，旨在提升学生的技能，以此挽救并推动留法勤工俭学运动的发展。

单元二 遵守顶岗实习规程

遵守顶岗实习规程对于确保学生实习的顺利进行和提高实习质量至关重要。河北师范大学在2006年5月全国首创"顶岗实习"模式，这一新颖的教育实习方法起源于河北省的师范院校，旨在解决农村教育面临的"人才荒"问题，同时实现师范院校人才培养与服务社会的双重目标。该模式在河北师大试点成功后，从当年下半年开始，在全省高等师范院校的教师教育专业中广泛推广实施。通过这种方式，超过9万名师范类专业的在校学生参与到了农村支教活动中，极大地丰富了农村地区的教育资源。随着时间的推移，这种实习模式还扩展到全国各类职业教育院校，显著提升了实习生的实际操作能力和职业准备水平。

一、基本纪律与要求

顶岗实习为学生提供了一个全面履行职责的平台，通过独立承担工作任务，挑战学生的职业能力，同时也考验其自我管理与纪律性。在这种实习模式中，学生需严格遵守一系列纪律要求，以保证实习的成效与个人的专业成长。

（一）组织纪律性

中职生必须强化组织纪律性，严格服从指导教师的领导，确保日常行为与专业表现符合学校与实习单位的标准。这包括遵守严格的考勤制度，如按时上下班，不无故早退或迟到，以及不擅自离开岗位。对于无故旷工超过三天的情况，或因病、事假超过实习期 1/3 的，将面临无法获得考核成绩或需重修实习的后果。

（二）学习态度

在实习期间，中职生应保持积极的学习态度，虚心向工作指导人员学习，遵守实习单位的各项工作安排，并尽力完成分配给自己的任务。同时，学生应避免任何可能损害企业形象或学校声誉的行为，努力通过自己的表现为学校争光。

二、职业道德与安全意识

在顶岗实习中，中职生应重视职业道德的培养和实践，努力成为一个既专业又有礼貌的员工。职业道德不仅包括爱岗敬业、遵纪守法，还涉及作为实习生的诚信与诚实。实习生应严格遵守企业的商业秘密，对于借阅的文献资料要妥善保管，确保不遗失，并在规定时间内归还。此外，除非得到实习单位的明确许可，学生不得私自摘录或引用这些资料。

在安全方面，中职生必须认真对待自己和同伴的安全，保持同学间的团结，遇到问题要及时与实习指导教师或辅导员沟通。实习开始前，中职生应签署安全承诺书，确保在实习期间的个人安全得到保障。

三、实习管理与考核

参加实习对中职生有非常重要的意义，有助于增加中职生的实践经验，更好地将理论和实际联系起来，从而促进中职生学有所成和学以致用。

（一）实习协议

无论中职生是通过学校推荐还是自行联系实习单位，都必须与实习单位签订一份详细的实习协议。该协议应明确列明双方的权利与义务，包括实习期间的工资待遇、工作时间、劳动安全和卫生条件等。这一步骤是确保双方明确期望和责任的基础，有助于预防可能出现的误解和冲突。

（二）实习记录与报告

中职生需在实习期间认真记录每天的工作和学习经历，这不仅有助于监督实习进度，也是个人反思和学习的重要工具。实习结束时，中职生须提交一份包含实习时间、地点、内容、任务完成情况及个人总结的综合实习报告。这份报告是评估学生实习表现的重要文档，也是学生展示实习成果和学习成效的机会[1]。

（三）考核与成绩评定

实习中职生将接受来自学校和企业的双重指导与评估，实行校企合作的考核制度，以企业的评价为主，学校的评价为辅。实习结束后，企业需要提供书面鉴定，这将作为评定学生实习成绩的主要依据。若实习成绩不合格，中职生则不能获得毕业证书，必须补足实习并达到合格标准后，方可用结业证书换取毕业证书。

四、特殊规定与注意事项

实习是一个关键的环节，在中职生的职业发展和技能培养中具有不可替代的作用。为了确保实习效果，以下是一些重要的规定和注意事项，旨在引导中职生安全、高效地完成实习。

（一）实习单位变更

中职生在实习期间通常不允许更换实习单位，以保持实习的连贯性和深入性。若确有必要变更实习地点，学生必须向指导教师提交正式申请，并需得到系主任的批准才能更换单位。未经批准擅自离开实习单位的学生，将依据学籍管理的相关规定进行严格处理，且期间发生的所有问题将由学生个人承担。

（二）保险与福利

所有实习中职生必须购买人身意外伤害保险，并尽可能参加工伤保险，以防在实习期间发生意外伤害。同时，实习单位有责任为实习生提供合理的实习报酬，而学校则负责对这些报酬管理和监督。这些措施不仅提供了必要的经济支持，还增强了实习生在实习期间的安全保障。

---

[1] 黄静梅.择业、就业与创业[M].北京：北京师范大学出版社，2021.

五、总结与反馈

实习结束后，学生应认真总结实习经验，撰写实习总结报告，并向指导教师反馈实习情况。学校和实习单位应共同做好实习材料的归档工作，包括实习协议、实习计划、实习报告、实习成绩等。

遵守顶岗实习规程是确保实习顺利进行、提高实习质量的关键。学生应严格遵守各项规定，认真履行实习职责，努力提升自己的专业技能和职业素养。

延伸阅读

顶岗实习小知识

教育部发布的《关于职业院校专业人才培养方案制订与实施工作的指导意见》（以下简称《意见》）为中等职业教育和高等职业教育的课程设置、学时安排以及实践教学提出了详细的规范，确保教学质量和学生能力的全面发展。根据《意见》，无论中职还是高职教育，每学年应安排40周的教学活动，中职教育总学时不得低于3 000小时，公共基础课程至少占1/3；高职教育总学时不得低于2 500小时，公共基础课至少占1/4，且选修课应占总学时的10%以上。实践性教学的比重应超过总学时的一半，强调实践技能的培养，而顶岗实习通常安排为6个月，以帮助学生将理论知识与实际工作环境相结合，提高职业技能和就业竞争力。

单元三　签约求职择业

在职业发展的道路上，志向和能力是实现事业成功的基石。不同的行业和职业都能提供展示才能的舞台，重要的是采取正确的职业态度。这种态度不仅涵盖对职业的热情和敬业精神，还包括对职业机会的实际评估和选择。

对学生而言，求职和职业选择是一个复杂的决策过程，涉及对个人能力、职业需求和市场趋势的客观理解。在此过程中，保持一颗平实的心，实事求是地评估自己的条件与市场需求，对于找到合适的职业至关重要。此外，成功的职业规划还需要学生进行充分的准备，如了解行业动态、评估自身技能和制定长远职业目标等。

一、了解就业形势与需求

中职生应关注当前就业市场的趋势，了解哪些行业、哪些岗位对中职毕业生有较大的需求这有助于中职生确定求职方向，提高求职成功率。

同时，应清楚自己的专业技能、兴趣爱好和性格特点，以便在求职过程中能够准确匹配适合自己的岗位。

二、制订求职计划

在职业生涯的旅程中，理解和尊重所从事的每一份工作的重要性是至关重要的。这不仅是对职业的尊重，也是对自身努力的认可。投入工作，并在其中寻找成就感和满足感，是每个专业人士的基本追求。

（一）设定目标

设定职业目标是个人理想在职业选择上的体现，涉及对职业的深刻理解和个人期望的明确表达。社会上的职业岗位多种多样，每个人基于自身的专业技能、兴趣和市场需求有着不同的职业预期。正确的职业观和就业观可以帮助个人合理设定就业方向和职业目标，并在未来的工作中表现出色。为此，个人需要结合自己的专业背景和市场情况，科学地设定职业目标，包括选择合适的行业、职位和预期薪资。

（二）准备简历和求职信

制作简历是求职过程中的关键步骤。简历应包括个人信息、教育背景、工作经验和个人评价等内容。在描述工作经验时，应精练表达，突出显示关键成就，并尽可能用量化的数据来支持这些成就。这不仅可以清楚地展示个人能力，还能通过具体数据提高可信度。此外，简历中可以适当加入有利于申请的其他信息，如团队规模、领导经验等。求职信则是展现个人对特定职位兴趣和适应性的重要工具。它应简洁明了地表达为何个人认为自己适合该职位，并展示对该职位的热情。正确的求职信格式和内容可以显著增加面试机会。整体来看，无论选择哪种职业，都应全心投入并力求精进。

三、积极寻找就业机会

学生就业问题日益受到社会的广泛关注。面对竞争激烈的就业市场，学生如何选择合适的就业途径并成功就业成为亟待解决的问题。

（一）参加招聘会

关注学校或社会举办的各类招聘会，这是与用人单位直接交流的好机会。校园招聘是学生最为熟悉的就业途径之一。通过参加学校组织的招聘会、宣讲会等，中职生可以与众多企业面对面交流，了解企业需求并投递简历。校园招聘具有针对性强、信息真实可靠等特点，是获取就业机会的重要渠道。

（二）利用网络资源

随着互联网的发展，网络求职逐渐成为中职生就业的新途径。通过招聘网站、社交媒体等平台，中职生可以随时随地了解招聘信息，并可以在线投递简历。网络求职具有信息量大、覆盖面广、方便快捷等优势，但也存在信息真实性难以辨别的问题。中职生可通过招聘网站、社交媒体等渠道发布求职信息，扩大求职范围。

（三）亲友推荐

亲友推荐是一种基于人际关系的就业途径。通过亲友的介绍和推荐，学生可以接触到更多的就业机会，并在求职过程中获得一定的支持和帮助。亲友推荐具有信任度高、成功率较高等特点，但也需要学生具备一定的社交能力和人际关系基础。

（四）自主创业

自主创业是一种具有挑战性的就业途径。通过自主创业，可以实现自己的职业梦想和人生价值。自主创业需要具备创新意识、市场洞察力和团队协作能力等综合素质，同时也需要承担一定的风险。

四、签约注意事项

在就业季到来之际，无论你是正在积极投简历、参加面试，还是已经拿到心仪的工作邀请，都需要对就业流程及其细节有深入的了解和准备。这不仅关乎你的职业发展，还涉及你的权益保护。下面是一些关键的就业和签约注意事项：

（一）仔细阅读合同内容

仔细阅读劳动合同内容是每位毕业生步入职场时必须执行的首要任务。签订劳动合同前，一定要详细检查合同中的每项条款，尤其是涉及工作内容、薪酬待遇、工作时间以及试用期的规定。劳动合同是保护自身权益的法律文件，只有充分了解其内容，你才

能在职场中更好地维护自己的合法权益。

（二）了解用人单位情况

深入了解用人单位也是决定是否签约的重要依据。在正式签约前，尽可能多地收集关于企业的信息，如企业的基本概况、企业文化、所属行业地位、企业规模及历史、主要产品和项目等。这些信息有助于你评估企业的稳定性和发展前景，同时也能帮助你判断该企业是否符合你的职业发展目标和个人价值观。

（三）保持谨慎态度

保持冷静和谨慎的态度对于应对就业市场的不确定性至关重要。虽然大公司可能通过各种渠道宣传其企业文化和价值观，但这些信息往往是经过精心包装的。因此，在对企业有全面了解之前，不应急于做出决定。此外，面对职场的种种压力，要保持客观和冷静的态度，避免因情绪冲动而做出可能后悔的职业选择。

五、牢记求职"三忌"

第一，忌贪心。面对高薪诱惑时，首先要自我评估，确保所应聘的职位与自身能力和经验相匹配。同时，深入调查潜在雇主的背景和声誉，避免因贪图短期利益而忽视长期风险。

第二，忌急心。急于找工作可能使求职者落入诈骗者设下的陷阱。诈骗者常利用求职者的急切心理，以各种名目收取费用后便消失。因此，应有耐心选择正规途径和可靠公司进行求职。

第三，忌侥幸心。求职者应有清晰的职业规划，并细致研究招聘信息，以辨别潜在的欺诈行为。应坚持不支付不明款项、不购买未知明细的产品、不随意提供个人证件或信用卡、不轻易签署任何文件，并拒绝为薪资待遇不合理的公司工作。要保持警惕，不要认为自己不会遇到不良事件。

例如，张×刚从××中职学校毕业，在步入社会之初并未立即寻找工作，而是选择了沉浸在网络游戏的虚拟世界中，同时怀揣着寻找一个理想工作的梦想。尽管他对所谓的"有前途的工作"并没有一个清晰的定义，这种状态让他感到越来越迷茫，尤其是在看到自己的同学每天忙碌而充实的生活时。随着时间的流逝，到了11月，张×发现自己已经身无分文，仅靠朋友和同学的偶尔帮助勉强维持生活。面对即将到来的房租问题，他感到异常焦虑，既不愿再向朋友开口，也不想让家人知道自己的窘迫①。

在这种情况下，当张×在网络上看到一个游戏测试员的职位时，他几乎认为找到了解决所有问题的方法：既可以继续他的游戏爱好，又能赚取收入。可是，在应聘过程中，他被要求交纳300元报名费，并被告知一周后会有进一步通知。出于迫切的工作需要，张×决定交这笔钱，以此希望能够尽快开始新的工作。然而，这种期望很快被现实打破。一周后，他发现自己无法联系到招聘方，当他再次访问公司地址时，只见到了一间空荡荡的办公室。情急之下，他选择报警，但警方对这种小额诈骗无法立案处理。最终，备受打击的张×选择默默返回老家，心中满是羞愧和无奈，甚至没有向朋友道别，独自承受着失败的重负。

对于缺乏社会经验且急于找到工作的年轻求职者来说，当前的实习和就业市场充满了各种陷阱，这些陷阱往往不易察觉，使得求职者容易受到不公正的待遇。在这种情况下，一旦涉及劳动纠纷，通过法律手段解决问题不仅成本高昂，而且过程复杂。因此，建立正确的实习、择业和就业观念显得尤为重要。这不仅可以帮助求职者避免走入误区，还可以减少不必要的经济和情感负担。培养这样的观念需要从增强求职者的市场意识和法律知识入手，使他们能够更好地评估潜在的职业机会，有效地规避风险，从而在职业生涯的早期就能走上正确的道路。

延伸阅读

必须签订劳动合同

在我国，中职学校的毕业生年龄通常为16～18岁，这一年龄段的学生在法律上存在一些误解，尤其是关于是否有资格签订劳动合同的问题。实际上，根据我国劳动法的相关规定，16岁及以上的个人已具备劳动能力，可以合法签订劳动合同，成为劳动力市场的一部分。

特别需要注意的是，我国劳动法规定未满16周岁的未成年人不得被录用为劳动者，以保护他们的健康和发展权利。对于特定领域如体育和文艺等单位，虽然可以招录不满16周岁的未成年人，但必须严格按照国家的相关规定执行，完成必要的审批手续，并确保这些未成年人能够完成其义务教育。

因此，对于已满16周岁的中职学校毕业生来说，他们完全有资格与用人单位签订

---

① 贾锁换. 中职学校安全管理工作存在的问题及对策探究[J]. 现代职业教育，2022（13）：124-126.

安全教育

劳动合同。学生及其家长应充分了解这些法律规定，确保在求职过程中能够合法维护自己的劳动权益。如果有机会与用人单位建立劳动关系，学生应主动要求签订劳动合同，并确保合同内容符合法律规定，以便在发生劳动争议时，能有法律依据来保护自己的权利。

模块实践

活动与训练

中职学校关于求职的实训活动丰富多样，旨在帮助中职生提升求职技能，增强就业竞争力。

求职面试模拟

活动内容：在课堂上进行求职面试模拟，将模拟面试作为期中或期末考试的口试内容，确保每位学生都能参与实操训练。通过模拟真实的面试场景，学生能够体验面试流程，掌握面试技巧。

效果：经过模拟面试的训练，学生的综合素质会有很大提高，既能够为将来的求职面试做好准备，又能为相关比赛发掘人才。

教师利用班会课等平台，引导中职生了解自己的兴趣、爱好和特长，并结合市场需求，制定出符合个人特点的职业规划。通过案例分析、角色扮演等方式，学生可了解不同职业的特点和要求，从而更好地进行职业选择。

探索与思考

（1）谈谈你对就业的看法。

（2）谈谈你对勤工俭学的看法。

（3）遭遇求职陷阱时，你该怎么应对？

（4）遭遇求职陷阱时，你该怎样维护自己的合法权益？

自然灾害　模块八

学习目标

（1）掌握应对地震的方法。
（2）掌握应对暴雨与雷电的方法。
（3）掌握应对台风与大风的方法。
（4）掌握应对洪水与泥石流的方法。
（5）掌握应对沙尘与雾霾的方法。
（6）了解自然灾害和防御知识，在树立防灾避险意识的基础上，进一步了解灾难的危害，提高自我保护能力，学会自救自护、团结互助、共同应对。

导　语

人人心中有盏灯，强者经风不熄，弱者随风即灭。

——歌德

案例引入

一所农村职业中学在一个下午遭到了球状闪电的袭击，导致极大的人员伤亡和财物损失。当天下午，学校中有两个班级正在上课，突遭雷击，教室内立即响起巨大的雷声并迅速充满了黑烟，95名学生和他们的教师几乎全部倒地，许多学生身体被严重烧伤，教室一片狼藉。这次悲剧共造成7名学生死亡，19人重伤，20人轻伤，且多数幸存者都遭受了长期的后遗症。

事故发生的主要原因是教室的安全防护措施严重不足。具体来说，教室的金属窗户没有进行接地处理，当球状闪电直接击中这些窗户时，窗户未能将雷电流有效导向地面，使得靠近窗户的学生成为电流的释放路径。设计上的疏忽导致了雷电流的热效应和机械效应直接作用于学生身上，引发了严重的伤亡事件。

总结案例：

这个村庄位于雷电频发的区域，学校更是因地理位置而成为雷击的高风险点。学校建在一个显著的山包上，四周环绕着水田和水塘，加之教室前有大树，这些自然因素共同增加了雷电击中的可能性。然而，学校建筑未安装任何避雷设施，这种疏忽加剧了危险，导致了不可挽回的损失和伤害。此次悲剧的发生既是自然因素，也是人为疏漏的结果。这起悲剧提醒我们必须关注并改进农村地区的防灾设施，特别是避雷系统的安装和维护。只有通过全面普及并维护这些关键的安全设施，才能有效预防并减少类似的悲剧，保护更多无辜生命免受自然灾害的威胁。

地震避险知识

单元一 应对地震

中国是一个多地震的国家，几乎所有的省、自治区、直辖市都发生过 6 级以上强震。2024 年，我国发生 3.0 级以上地震 1 066 次，3.0 到 3.9 级 738 次，4.0 到 4.9 级 267 次，5.0 到 5.9 级 54 次，6.0 到 6.9 级 5 次，7.0 级以上 2 次，最大一次地震是 4 月 3 日在台湾花莲县海域发生的 7.3 级地震。从历史记录来看，中国已记录超过 8 000 次地震，其中包括 1 000 多次 6 级以上的强震。自 20 世纪初以来，中国因地震造成的死亡人数已占全球总数的 50%。

尽管地震是一种自然灾害，由地质活动突然引发，但它并非完全无法预防或应对。掌握必要的急救知识能够显著提高在地震发生时的自我保护和救助能力。实际上，与地震带来的直接危害相比，无知和缺乏准备才是更大的威胁。

一、地震概述

地震是所有自然灾害中最致命的一种，其破坏力极大。在广义上，地震指的是地球表层的震动；而在狭义上，地震指的是自然发生的、具有潜在灾害性的震动，其本质是地下岩层由于应力作用发生颤动并产生破裂，导致地面发生震动。这种震动通常表现为地壳的快速和剧烈颤动。

每年地球上会发生超过五百万次地震,但其中绝大多数因规模太小或位置太远而无法被人感知。每年对人类社会造成严重影响的地震有一二十次;而造成特别严重灾害的地震平均每年仅发生一两次。为了监测这些地震活动,全球部署了数千台地震仪,这些设备能够记录不同强度和距离的地震波动。鉴于地震的频繁发生和潜在的破坏性,中职生有责任了解地震的相关知识并具备基本的应对能力。

二、地震发生后如何自救和救助他人

在灾难面前,灾民的自救和互救至关重要,这些措施可以显著提高生存机会,特别是在等待救援力量到达之前。对于那些被倒塌建筑物压埋且神志清醒、身体无重大创伤的个体而言,维持坚定的获救信念并妥善保护自己是非常必要的。积极实施自救措施,如在废墟中寻找安全的空间,避免因不必要的移动而引起进一步的危险,这些都是提高生存机会的关键行为。

(一)地震发生后的应对措施

1. 平房居住者的应对措施

若条件允许,应迅速带上头部保护物,前往室外空旷且安全的地方。如果无法及时外出,应靠近结实的家具旁避难,并用湿毛巾或衣物覆盖口鼻,以防吸入灰尘。

2. 楼房居住者的应对措施

在较小的空间,如厨房或卫生间避震,或在墙角、内墙根旁的坚固家具旁藏身,以形成三角生存空间。应避免靠近外墙、门窗、阳台,不要使用电梯,不要尝试跳楼,并及时关闭电源和火源(图8-1)。

图 8-1 关闭火源

3. 教室内的应对措施

遵循教师指示,迅速抱头闭眼,躲在课桌下避震(图8-2)。若在室外或操场,应选择空旷地点蹲下,用双手保护头部,并远离高大建筑物或危险物体。

4. 公共场所的应对措施

听从现场工作人员的指挥,保持冷静,避免冲向出口,尽量避开拥挤的人流和潜在危险区域。

图 8-2 躲在课桌下

5. 市内活动的应对措施

保护头部，并迅速前往空旷地带蹲下，尽量远离高楼、立交桥和高压电线等潜在危险区域。

6. 野外活动的应对措施

避开山脚和陡崖，注意滚石和滑坡的危险，尽可能靠近开阔地区避难。

7. 海边活动的应对措施

一旦发生地震，立即远离海岸线，以防地震可能引发的海啸。

8. 行驶中的汽车或电车的应对措施

在地震发生时，紧握扶手，降低重心，尽量不要在地震期间下车。

9. 驾车行驶的应对措施

快速避开可能的危险区域如立交桥、陡崖、电线杆等，尽快驶向空旷地停车，等待地震过去。

（二）地震时发生特殊危险怎么办

1. 燃气泄漏时

当察觉到燃气泄漏时，立即使用湿毛巾捂住口鼻，防止吸入有害气体。避免使用任何形式的明火，包括打火机、火柴或任何可能引起火花的电器设备。地震后，尽快转移到安全地区，避免停留在燃气积聚的危险区域。

2. 遇到火灾时

一旦发生火灾，应尽量保持低姿态，趴在地上使用湿毛巾捂住口鼻，这有助于避免吸入烟尘。等到地震停止后，尽快向安全地点转移。移动时应尽量匍匐前进，并逆风行动，以避免吸入更多烟雾。

3. 毒气泄漏时

若附近化工厂发生火灾并导致毒气泄漏，立即离开事发地点。切勿向顺风方向移动，以免被迅速扩散的有害气体追赶。移动至上风方向，并使用湿毛巾紧紧覆盖口鼻，以减少有毒气体的吸入。

（三）地震时被埋压怎么办

1. 清除杂物并防尘防烟

尽可能搬开周围的可移动碎砖、瓦砾等杂物，以清理出更安全的空间。使用湿毛巾或类似物品捂住口鼻（图8-3），以减少灰尘和烟雾的吸入。如果无法移动重物，不要勉强操作，以防引起周围结构的进一步坍塌。

图 8-3　捂住口鼻

2. 稳固并保护生存空间

使用砖石或其他坚硬物体支撑上方不稳定的重物，以保护自己不被余震中进一步坍塌的建筑物压伤。

3. 谨慎使用室内设施

避免随意操作室内的电源和水源，以防发生电击或水管破裂。绝对不要使用任何形式的明火，以防引燃可能的可燃气体或物质。

4. 与外界取得联系

使用石块、铁器或其他硬物敲击固定物体发出声响，以吸引救援人员的注意。避免不必要的大声呼救，保存体力，等待救援。

（四）地震发生后如何救助他人

1. 声音监测

细致地注意并搜索可能的求救信号，如呼喊、呻吟或敲击声。这些声音可能是被困人员试图引起注意的方式。

2. 小心挖掘

在挖掘被埋者时，必须小心保护现场已有的支撑结构，避免在救援过程中引发进一步的倒塌。

3. 避免使用锐利工具

在挖掘过程中不应使用锐利的工具，如刀具或铲子等，以免不慎伤及被埋者。

4. 清理呼吸道

救出被埋者后，首先应确保其头部暴露并迅速清除其口鼻内的异物，使其保持呼吸通畅。

5. 谨慎移动

如果被埋者无法自行移动，应避免粗暴拉扯，以免造成额外伤害。应使用正确的抬举和搬运技术，确保被埋者安全。

6. 标记救援位置

如果一时无法将被埋者救出，应在现场立下明显的标记，以便后续救援团队能迅速定位和采取措施。

延伸阅读

地震来临前兆

地震是一种自然灾害，虽然无法精确预测，但地震来临前，往往会出现一些特殊的自然现象，即地震前兆。下面将揭秘地震的前兆，帮助同学们了解地震来临前的预警信号。

1. 地震的前兆现象

（1）地壳形变。

地震来临前，地壳可能会出现变形，例如地面裂缝、地面下沉或者隆起等现象。

（2）地震活动。

地震来临前，震中附近可能会出现一系列小震活动，这被称为地震的前震。

（3）地下水异常。

地震来临前，地下水可能会出现异常变化，如水位突然上升或下降、水质变化等现象。

（4）生物异常。

一些动物在地震来临前会出现异常行为，如鸡、鸭等家禽会四处乱跑，狗会不断吠叫等。

（5）气象异常。

地震来临前，可能会出现一些气象异常现象，如气温突然变化、湿度变化、云彩异常等。

2. 地震前兆的解读

虽然地震前兆可以帮助我们预警地震的到来，但需要注意的是，这些前兆现象并不意味着一定会发生地震。地震前兆现象的出现，只是表明地壳处于一种不稳定状态，存在发生地震的可能性。具体的地震发生时间、地点和震级等参数，目前还无法精确预测。

单元二　应对暴雨与雷电

雷电和暴雨是自然界中非常强大且危险的现象，会对生物和人类文明造成巨大的威胁，甚至被联合国列为全球十大自然灾害之一。雷电不仅能通过直接击中的方式造成灾难性影响，还被中国电工委员会称为电子时代的主要公害之一。雷电产生的高温、强烈冲击波和电磁辐射具有瞬间巨大的破坏力，常常导致人员伤亡、建筑物损毁，严重破坏供电系统和通信设备。此外，雷电还可能引发森林火灾、中断计算机信息系统，以及在仓储设施、炼油厂和油田的特定环境中引起火灾或爆炸。这些灾害不仅会对人们的生命财产安全构成严重威胁，还会对航空航天等关键运载工具的安全构成巨大风险。

一、雷击的分类

雷电是一种发生在大气层中的自然现象，涉及声音、光和电的产生。它主要发生在雷雨云内部、雷雨云之间，以及雷雨云与地面之间的放电活动。

例如，在××矿区的一个二层住宅楼中，一户居民经历了一次罕见的室内放电现象。事件发生在一个雨天转晴后的傍晚，当时东南方向聚集了一大片乌云，很快这片乌云覆盖了整个区域，并迅速带来了新一轮的降雨。在短暂的时刻内，电闪雷鸣和倾盆大雨相继而至。就在这时，一声巨响伴随着哗啦声，居民家中的屋顶及墙壁出现了蓝色的放电光芒，这种现象持续了3～4秒后才消失。事后检查发现，室内的电度表和导线均被烧坏。

这种放电现象，无论是在云层之间还是从云层到地面，都是由于雷雨云中积聚的正负电荷达到一定程度时发生的。当这些电荷之间的电位差足够大时，空气的绝缘性被突破，从而产生放电，俗称打雷。打雷造成的危害又叫雷击，雷击分为以下三种情况。

（一）直接雷击

直接雷击是一种雷电击中对象（如人、畜或建筑物）并产生热量或机械力的现象，这种力量可以导致严重的人身伤害、建筑物劈裂，甚至引发火灾等灾难性后果。当没有安装避雷设备，或者避雷设备安装不完善时，直接雷击的危险性会大幅增加。在直接雷击的情况下，还可能产生以下两种危险的电压效应。

1. 跨步电压

这种电压发生在雷电流通过某个装置流向地面时，由于接地装置附近的电分布不均匀，如果人或畜在此走动，其前后脚之间的电压差可能非常大。这种电压差被称为跨步电压，可以对行走的生物造成危险。

2. 接触电压

当人接触到雷电流通过的物体，或接触到由雷电流引起电感应的金属物时，所感受到的电压称为接触电压。这种电压也可能对人体造成伤害。

（二）感应雷击

感应雷击是指在雷电活动频繁的地区，当其附近发生雷击时，由电磁场引起的静电感应和电磁感应现象。虽然感应雷击的破坏力比直接雷击小，但其造成的损害也不容忽视，包括可能引发火灾和伤亡事故。感应雷击主要是由于电磁场的变化迅速，使得附近的物体或设备在没有直接被雷电击中的情况下，也能产生高电压，导致电气设备的损坏或火灾。

（三）由架空线传来的危险电压

当雷电通过架空线路传导时，这些线路会将高压电能引入室内，这包括电力线、照明线和电讯线等。无论是电磁感应还是附近雷击直接导致的高压，都可能使电气设备，如电车、电表、电视机、电脑等遭受损坏。因此，在设计和安装电气设备时，必须采取相应的防雷措施，如安装避雷器和使用合适的接地系统，以防止由架空线引入的高压电能造成的雷击损害。

二、雷电的危害

闪电产生之后会向地表延伸，其中一些较长的闪电就有可能击中地面突起的部分，如高楼顶部、树木等。雷电通过的细长路径温度在1.7万～2.8万℃，太阳表面的温度约为6 000 ℃，家用煤气燃烧时的温度是1 400 ℃，天然气是2 000 ℃。在温度这么高的闪电面前，绝缘体等全都无用，被闪电击中的人会被烧焦。

（一）火灾和爆炸

直接雷击通过高温电弧、二次放电和巨大的雷电流，以及球雷的侵入，可以直接引发火灾和爆炸。这些电气现象能迅速产生极高温度，足以点燃周围的可燃材料或引起易燃化学物质的爆炸反应。此外，雷电也能通过冲击电压击穿电气设备的绝缘部分，从而间接导致火灾和爆炸的发生，这通常发生在高压电气系统中。

（二）触电

雷电活动中，积云可直接对人体放电，包括二次放电和球雷打击，产生的雷电流还可在地面形成危险的接触电压和跨步电压，这些都可以直接导致人体触电。同时，电气设备的绝缘部分如果因雷击损坏，也可能导致人员因接触这些设备而遭受电击。

（三）设备和设施毁坏

雷击产生的高电压和大电流可以瞬间释放巨大的能量，这不仅包括热能，还有汽化力、静电力和电磁力等。这些力量足以毁坏电气设备，如变压器、电路断路器等重要电气装置，同时也会对建筑物及其他设施造成严重损害。雷电影响的不仅是直接被击中的对象，其电磁效应还可能扩散到较大范围，对周围的设施产生连锁反应，造成广泛的破坏。

三、雷雨天气如何自救

在雷雨天气时，应遵守相关的注意事项，以确保个人安全和避免不必要的危险。以下是在户外应严格遵守的雷雨天气注意事项。

（1）避免在高楼平台或孤立棚屋、岗亭等空旷处逗留。

（2）远离外露的水管、煤气管等金属物体及电力设施。

（3）不在大树下避雷，如不得已，至少应保持3米的距离。

（4）若感觉头发竖起或有蚂蚁爬行感，立即趴下，摘掉金属饰品，降低被雷击的风险。

（5）雷雨中，尽量寻找干燥的绝缘物，双脚合拢站立，避免接触地面的水。

（6）采用胸膝式避雷姿势，双手抱膝，尽量低头，避免手接触地面。

（7）雷雨期间，若闪电与雷声间隔极短，说明雷雨很近，应立即下蹲并保持双脚并拢。

（8）雷雨天应避免户外活动，特别是打球、游泳等。

（9）避免在雷雨中快速移动，如骑车或奔跑，以减少被电击的风险。

（10）发现高压线断裂时，立即双脚并拢，跳离现场，避免跨步电压。

（11）雷雨中避免使用电话和手机，关闭所有无线电设备。

（12）不开电视、电脑等电器，拔掉所有电源插头。

（13）避免在雷雨时进行淋浴或站在电灯泡下。

（14）必须外出时，穿着胶鞋，披雨衣以隔绝电流。

（15）尽量避免开门窗，以防雷电直击室内。

（16）在车内遇到雷电时，不要将手或头部伸出窗外。

（17）雷雨天气避免靠近树木，宜选择室内避雨，不宜在车内躲雨。

（18）不要将晾晒用的铁丝接触窗户或门。

（19）雷雨天气不穿湿衣服或戴帽子。

（20）遇到雷电应立即下蹲，减小身体高度，双脚并拢。

四、暴雨及特大暴雨的含义

暴雨，尤其是特大暴雨，是一种极端天气现象，其定义为24小时内降水量达到或超过50毫米。这种强降雨事件通常会导致洪涝灾害、严重的水土流失，以及多种相关的地质灾害。特别是在地势低洼或地形闭塞的地区，这些地区的排水能力不足，雨水难以快速排出，因此极易发生严重的洪水和其他相关的地质灾难。

五、暴雨自救

暴雨是一种极端天气现象，其降水速度快且强度大，特别是当发生大范围持续性暴雨或特大暴雨时，其破坏力极大。这种天气状况常常会引发山洪爆发和河流泛滥，对农业、林业、渔业等产业造成严重影响，不仅大量损毁作物和农业基础设施，还可能导致农舍和其他工农业设施被冲毁，甚至造成人畜伤亡，从而带来重大的经济损失。

以2024年6月24日长沙遭遇的强降水为例，短短1小时内降水量就达到了惊人的65.1毫米，打破了6月单小时降水的记录。这样的降水量在长沙市总面积11 819平方千米的范围内，累计达到了7.68亿立方米，相当于约54个西湖的体积。这种极端降水事件对城市排水系统构成巨大压力，也对市民的安全和城市基础设施提出了严峻挑战。针对这种极端天气情况，专家建议公众保持对天气变化的高度关注，合理安排出行和日常活动，尤其是在暴雨预报期间。

六、预防暴雨灾害的措施

第一，出行遇到暴雨时，路面最易形成大面积积水，此时要多留意路面，防止跌入污水井、地坑沟渠等之中，特别是老人、儿童要注意观察四周有关警示标志，看到漩涡应及时绕开。

第二，在驾驶汽车的过程中突遇暴雨，一定要当心路面污水井；走到立交桥下或隧道时如果积水过深，要尽量绕行，切莫强行通过，以免抛锚造成更大的损失。

第三，对地势低洼的居民房屋应及时因地制宜采取应对措施，如放置挡水板、堆砌土坝、沙袋等，以防止雨水灌入室内。

第四，暴雨来临时如还在室外应找一个安全的地方避雨，如牢固的建筑物，若没有雷电，应尽量找地势较高的建筑物。

第五，地势低洼的地方积水较深，切莫冒险涉水，最好绕道而行。此时应远离建筑工地的临时围墙和其他围墙，也不要站在支架、广告牌旁边。

第六，在河道附近居住的居民要时刻留意河流水量，如发现河道涨水，要迅速组织人员撤离，切忌麻痹大意。

第七，如遇见电线触地，尤其是高压线路触地，应及时通知电力部门。

第八，行人避雨要远离高压线路、电气设备等危险区域。

第九，学校等教育机构要视情况放假或统一留校避洪，应及时通知家长学校的安排。

第十，如果不幸被水围困，无论是多少人，都应找基础较牢固的高地避难，利用一切办法向外求救。如不慎落入水中，要及时努力游到岸边高处地带，或抱紧一切可利用的漂浮物，等待救援。

延伸阅读

什么是暴雨预警信号？

暴雨预警信号是气象灾害预警信号之一，是气象部门通过气象监测在暴雨到来之前做出的预警信号。

全国暴雨预警信号由国务院气象主管机构负责发布、解除与传播，比如中央气象台发布的暴雨蓝色预警、暴雨黄色预警等；地方各级气象主管机构负责本行政区域内预警信号发布、解除与传播，比如北京市气象局发布的雷电蓝色预警信号等。

1. 暴雨预警信号随便发布？

暴雨预警信号是一种重要的气象预警工具，用来提醒公众即将发生的潜在危险天气条件。这些预警信号根据预期的降雨强度和持续时间分为四个等级，每个等级都用不同的颜色表示，从而帮助公众及时做出适当的应对措施。

暴雨预警信号的发布标准如下：

（1）蓝色暴雨预警。

预计在未来12小时内降雨量将达到50毫米以上，或者降雨量已经达到50毫米且有可能持续。

安全教育

（2）黄色暴雨预警。

预计在未来6小时内降雨量将达到50毫米以上，或者降雨量已经达到50毫米且有可能持续。

（3）橙色暴雨预警。

预计在未来3小时内降雨量将达到50毫米以上，或者降雨量已经达到50毫米且有可能持续。

（4）红色暴雨预警。

预计在未来3小时内降雨量将达到100毫米以上，或者降雨量已经达到100毫米且有可能持续。

2. 50毫米有多少？

50毫米和100毫米的降雨量是重要的测量刻度，分别可以通过比较成人手指的宽度和脚踝的高度来估计。

此外，在雨季，特别是在暴雨之后，安全措施尤为重要。居民应选择居住在较高楼层，避免居住在可能有积水风险的后屋，不要在山坡上进行挖掘，保持水沟清洁，以及对远处可能传来的异常声响保持警惕。

单元三　应对台风与大风

台风是一种发生在热带或亚热带海域的热带气旋，具有暖心结构的低压涡旋，称为强大的"热带天气系统"。在中国，西北太平洋的热带气旋根据其底层中心附近的最大平均风速被分为六个等级，当中心附近风力达到12级或以上时，被统称为台风。台风通常会带来狂风、暴雨和风暴潮，这些天气现象虽然对人类社会构成了巨大的挑战，但同时也为我们带来了不可忽视的益处。它们为干旱地区带来了宝贵的淡水资源，对改善淡水供应和生态环境具有重要意义。此外，台风在全球范围内帮助维持温度的相对均衡，缓解了赤道地区的炎热和寒带地区的寒冷，确保温带气候得以存在，从而在地球上形成了一个复杂但有效的气候调节机制。

一、台风的概念

"台风"一词，可能源于广东话中的"大风"或闽南话中的"风台"。根据世界气象组织的标准，任何中心风力达到十二级以上，风速超过每秒 32.7 米的热带气旋均被定义为台风。此外，当热带气旋的强度上升到热带风暴级别时，它会被赋予一个具体的名称。这些名称是由世界气象组织的台风委员会成员国和地区提供的，涉及 14 个国家和地区。每个成员国和地区各自贡献 10 个名字，形成一个包含 140 个名字的列表，这些名字会被循环使用，以标记不同的台风。

二、如何应对台风

第一，当台风接近时，建议适当打开部分门窗，以平衡室内外的气压差异，防止强风造成屋顶被掀起或墙壁被吹倒。

第二，在室内时，应保护好头部，面向墙壁蹲下，减少风灾带来的直接伤害。

第三，遇到台风时，应迅速向台风前进方向的反方向或侧向移动，寻找更安全的地方避难。

第四，当台风眼即将到达时，尽可能寻找低洼地势躺下，闭上口和眼睛，使用双手和双臂保护头部，避免被飞来的物体击中。

第五，如果在驾车过程中遇到台风，应立即停车并下车寻找安全地点避难，避免留在车内，因为汽车可能被强风吹翻或被飞来物击中。

第六，应尽量躲避在结实的建筑物内，避免靠近大树、草棚或其他不稳固的建筑物，防止这些结构在台风中被摧毁，造成伤害。

第七，不要站在广告牌下（图 8-4）或玻璃幕墙的大楼下，因为这些结构在强风中容易倒塌或破碎，可能会造成严重伤害。

第八，行走在外时，应尽量避开高层建筑，以免被高空坠物击中。同时，注意周围的交通状况，以免发生交通事故。

图 8-4 不要站在广告牌下

三、大风的概念

风是气象学中描述空气相对于地面的水平运动的现象，这种运动具有明确的大小和方向，通常用风向和风速（或风力）来表示。当瞬时风速达到或超过 17.2 米 / 秒，即风力达到 8 级或以上，此时的风被称为大风。

安全教育

大风具有强烈的破坏力和显著的影响，尤其对航运和高空作业等活动构成严重威胁。此类风力通常在台风、冷空气影响及强对流天气条件下出现。8级以上的大风具有极高的潜在破坏性，能够掀翻船只、拔起大树、吹落果实、折断电杆，并且可能毁坏房屋和车辆。此外，大风还能引发沿海地区的风暴潮和助长火灾的发展，进一步增加了其造成广泛损害的风险。

四、如何应对大风

第一，防范高空坠物：定期检查周围的树木、室外装饰物及高杆灯罩等，确保它们在大风中不会被吹倒或吹落。避免在高大建筑物、广告牌或遮阳台下行走或停留，以免因高空坠物造成伤害。

第二，行车安全：出行前应查看天气预报，了解风力情况，并检查车辆的安全状况。在大风天气中谨慎驾驶，特别是在桥梁或高速公路上。

第三，减少外出：在大风预警期间，尽量减少不必要的外出，避免由于大风造成的不便和危险。

第四，加固门窗：外出时确保门窗紧闭，避免风力通过窗户和门缝进入，造成损害。清理楼道和消防通道，禁止堆放杂物或停放车辆，保持通道畅通。防止在阳台或窗户摆放可能被风吹落的物品，如花盆等。

第五，避免危险区域：避免在大树下、围板或棚架附近及高楼下行走，以免被大风吹落的物体砸伤。

第六，车辆停放：停车时选择安全地点，远离可能被大风吹倒的树木或构筑物。

第七，谨慎行走：避免在高层建筑间的狭长通道及屋檐下行走，这些地方可能形成风的"狭管效应"，风力会更强。

第八，做好个人防护：外出时携带口罩、纱巾等防尘用品，保护眼睛和呼吸系统不受沙尘影响。

第九，家庭安全教育：告诫家人不要向窗外扔任何东西，培养良好的生活习惯，以减少可能的风险。

延伸阅读

台风名字趣事

每个台风都有自己的名字。例如，活泼可爱的"悟空"、象征吉祥的"白鹿"、寓意深刻的"木兰"等。

那么，台风究竟有多少个名字？这些名字都是怎么来的呢？

1. 台风的名字是谁起的？

20世纪，初气象预报员开始对台风命名，以方便信息的传播和记录。在西北太平洋地区，台风的命名历史开始于1945年，最初只使用女性名。1979年开始，男性和女性的名字交替使用，以平等地代表性别。到了1997年，世界气象组织在香港举行的台风委员会年度会议上出台了新的规定，决定自2000年起使用具有亚洲特色的名字为西北太平洋和南海的热带气旋命名。这些名字由14个成员国和地区提供，共计140个名字，按顺序循环使用。

2. 台风命名有什么规则？

台风命名的规则相对严格，要求名字不能超过9个字母，必须易于发音，并且不得在任何成员国的语言中具有不良含义或引起困扰。此外，名字不能与商业品牌相同，必须获得台风委员会全体成员的一致同意。在命名过程中，所有备选名字需要经过一票否决制的批准。关于台风的中文译名，则由中国气象局、澳门地球物理气象局、香港天文台和台湾地区气象部门通过协商共同确定。

单元四　应对洪水与泥石流

通常，山洪泥石流在多雨的夏秋季节较为频繁，尤其是在单次强降雨达到高峰或连续降雨后更为常见。此外，地形和地貌也是重要因素，特别是那些具有丰富松散物质和陡峻地形的区域，这些条件有利于松散物质和水源的集中，从而触发泥石流。不合理的人类活动，如过度的土地开发，也可能诱发这种灾害。

一、洪水的概念

洪水这一术语在中国最早见于先秦时期的《尚书·尧典》，中国历史上关于水灾的记载跨越了4 000多年。而欧洲关于洪水的记载可追溯到公元前1450年。在西亚，尤其是底格里斯－幼发拉底河地区，以及非洲的尼罗河，洪水的文献记载则可追溯至公元前40世纪。

二、如何应对洪水

洪灾通常由于河流、湖泊或水库水位突然上升，导致堤坝漫溢或溃决，进而造成广泛的水灾。除对农业造成严重损害外，洪灾还可能导致工业损失和人员伤亡，是全球十大自然灾害之一。

洪水来临前应做好以下准备工作：

（1）关注本地媒体报道的洪水信息，根据自身位置选择安全的撤离路线。

（2）尽快转移到安全地区，注意避免沿洪水流向移动，而应选择垂直方向快速避难。

（3）如果洪水迅速上升，应立即向较高地方或安全建筑物转移，如图8-5所示。

图8-5　迅速逃生

（4）被困室内时，应采用有效措施阻挡洪水，如使用容器排水和使用木板阻挡洪水。

（5）如果水位继续上升而暂避之地不再安全，应利用可浮材料制成简易筏子迅速逃生。

（6）与救援部门保持通信，及时报告自己的位置和危险情况，寻求援助。

三、洪灾到来时的注意事项

首先，在灾难面前不应心存侥幸，特别是不应为了抢救财物而延误撤离，这种行为极易导致严重的后果。其次，保持冷静是关键，应远离可能引发危险的区域，如高压电线和损坏的电线，同时也需要警惕可能随洪水而来的其他自然灾害，如山体滑坡和泥石流。最后，如果对水流情况不清楚，应在安全地带等待救援，切勿贸然蹚水逃生，以免遭遇不可预见的风险。

四、泥石流的概念

泥石流是一种由降水，如暴雨或冰川及积雪融化水引起的自然灾害，通常发生在山区的沟谷或坡面，这些地方的地形和地貌条件促使了泥石流的形成。这种现象涉及复杂的水土动态过程，特点包括突发性强、流速快、流量大，以及具有极高的破坏力。泥石流通常持续时间短暂，可能只有几分钟到几个小时，但对于交通设施，如公路和铁路，以及村镇等，将造成极为严重的破坏。与常规洪水不同，泥石流的固体物质含量极高，这是其破坏力显著高于普通洪水的主要原因。固体物质的体积含量通常为15%～80%。据2023年统计，全国泥石流事件达到374起，表明泥石流在某些地区具有较高的发生频率和潜在的严重威胁。

五、如何判断是否发生泥石流

在泥石流高风险区，有效的预防和应对措施至关重要。首先，密切关注天气预报是必须的，尤其是关注暴雨警告，因为暴雨是泥石流的主要诱因。若观察到河床或沟谷中原本正常的流水突然中断或流量急剧增大，且水流中携带大量的柴草、树木等杂物，这通常预示着上游可能已形成泥石流。此外，如果从沟谷深处传来类似火车轰鸣或闷雷的声音，哪怕这些声音非常微弱，也应立即引起注意，因为这是泥石流正在形成的信号。同样地，如果沟谷昏暗并伴有轰鸣声或轻微的振动声，也表明上游可能已经发生了泥石流。对这些迹象的及时识别和响应，可以显著减少由泥石流带来的人员伤亡和财产损失。在泥石流预警发出时，立即采取行动，疏散到安全地带，避免在沟谷或潜在的泥石流路径上活动，是保障安全的最佳策略。同时，建议在这些高风险地区安装监测和警报系统，提高预警能力，以保护人民的生命和财产安全。

六、如何防范泥石流

在泥石流高风险区，居民的安全准备和响应措施至关重要。首先，居民应随时关注气象部门发布的暴雨预警和预报，提前规划安全的撤离路线，确保在泥石流突发时能迅速行动。居民需要保持高度警觉，特别是对于远处可能传来的土石崩落或洪水咆哮的异常声响。如果上游地区的人员发现有泥石流的迹象，如泥石携带大量树木和石块开始沿河床移动，应立即通过电话或其他通信方式通知下游地区的村庄、学校和工厂等，以便及时撤离。

其次，在泥石流易发区，居民应避免因守护财产而延误撤离时间，一旦接到撤离指令，应立即听从指挥迅速离开危险区域。在户外活动时，一旦遇到大雨或暴雨，应立即前往安全的高地，避免在低洼地带或陡峭的山坡停留。如果遇到泥石流迫近，不应沿泥石流的流动方向逃跑，而是应尽可能向与泥石流方向垂直的方向移动，迅速爬升到安全的山坡上，并尽量避开那些容易积水的凹陷地形。

最后，一旦成功撤离到安全地带，居民不应返回危险区域去收拾物品或锁门。同时，应尽快与当地应急管理部门取得联系，报告自己的位置和遇到的危险情况，积极寻求进一步的救援和支持。

延伸阅读

泥石流与山洪的比较

"山洪"和"泥石流"看似很相像，但在破坏力和逃生策略等很多方面却不同。

1. 相同之处

山洪和泥石流相似点很多。比如，成灾的前兆相似；暴发时间和区域大致相同，在6—9月的雨季，均发生在山区，山洪发生的区域有时会伴随发生泥石流；成灾突然；水体浑浊等。

2. 不同之处

（1）泥沙混合比例：泥石流的特征之一是含有大量的大小石块和泥沙，这种高含量的固体物质使得泥石流具有极高的密度和破坏力。相对于常见的洪水，泥石流携带的固体物质更多，流动性也更强，因此具有更强的冲击力。

（2）发生频率：山洪的发生频率通常高于泥石流，因为山洪可以由较小的降雨事件触发，而泥石流通常需要特定的地质条件和较大的降水量。此外，山洪的重复发生率也比泥石流高，这是由于山洪涉及的水流动态更加频繁和普遍。

（3）破坏力和生还概率：泥石流的破坏力通常大于山洪，主要是因为其携带的固体物质可以对建筑、道路和人员造成直接的物理冲击。被泥石流冲撞和淤埋的人员难以自救，生还概率较小。泥石流的流速快、流体密度大，使得逃生和救援都更加困难。

（4）避险逃生策略：在遭遇山洪和泥石流的危险时，推荐的逃生方向是向两侧山坡高处跑，以尽量避开直接的水流或泥石流路径。对于山洪，人们可以通过爬上附近的树木或建筑物等高处来避险，但这种方式在泥石流情况下则不可取，因为泥石流的强大冲击力足以摧毁树木和大部分结构，从而使这些避难所变得不再安全。

单元五 应对沙尘与雾霾

沙尘暴与雾霾是近年来我国及全球范围内频繁出现的两种严重环境问题，它们对空气质量、人体健康、生态环境以及社会经济活动都产生了深远的影响。沙尘暴的形成与多种因素有关，包括大风、地面沙尘物质、不稳定的空气状态等。雾霾的成因复杂多样，主要包括工业排放、汽车尾气、燃煤供暖、建筑扬尘等。近年来，随着工业化和城市化的快速发展，雾霾问题在我国多个城市频繁出现，成为公众关注的焦点。

一、沙尘的概念

沙尘暴是一种强烈的天气现象，由强风将大量的地面尘沙卷入空中，造成视线不清和空气质量下降，水平能见度降至 1 千米以下。这种现象的形成依赖于几个关键条件：首先，地面上必须有充足的沙尘物质可供携带；其次，需要有足够强的风力来卷起这些尘沙；最后，不稳定的气候状态也是触发沙尘暴的重要因素。沙尘暴的影响是多方面且深远的。对于人类社会，它可能导致房屋结构受损、倒塌，严重影响交通运输和电力供应，甚至有可能引发火灾事故。对个人健康的影响也不容忽视，沙尘暴中的微粒可导致呼吸系统疾病。在自然环境方面，沙尘暴可以导致空气质量恶化，对动植物生存环境构成威胁。对于农业，沙尘暴会直接影响作物生长，导致产量减少，从而影响食品供应和农业经济。因此，了解沙尘暴的形成机制和采取有效的预防措施至关重要。这包括加强对沙尘暴易发区的管理，如植树造林以固定土壤，及时发布气象预警，为人民群众提供避险指南，以减少沙尘暴对社会、经济和环境的影响[1]。

二、如何应对沙尘

沙尘天气会显著增加空气中悬浮颗粒的数量，这些微粒不仅能直接刺激眼睛、鼻子、喉咙和皮肤等黏膜组织，还可能引起过敏反应，或通过呼吸系统引发如哮喘、慢性支气管炎等多种疾病。尤其是对于敏感人群，如老年人、儿童、孕妇以及已有呼吸或心血管疾病的人士，沙尘暴的影响可能更为严重，因此建议这些人群在沙尘天气时尽量避

---

[1] 魏海茹. 我国沙尘暴天气成因的分析与研究[J]. 环境与发展，2020（12）：170-171.

免外出。对于必须在户外工作的人员，如交通警察、环卫工人和建筑工人，采取适当的个人防护措施至关重要。居民在沙尘天气应留在室内并采取以下措施：

（1）密封门窗。及时关闭所有门窗，并使用密封胶条确保沙尘不易进入居住空间。

（2）清洁措施。使用湿墩布和湿抹布定期清理家中的灰尘，避免尘土在室内悬浮，减少呼吸道受灰尘影响的风险。

（3）调节室内湿度。使用加湿器或通过洒水的方式保持室内湿度适宜，这有助于减少灰尘的悬浮并缓解呼吸道不适。

（4）空气净化。如条件允许，使用空气净化器以净化室内空气，特别是对于有呼吸道敏感问题的居民来说尤为重要。

外出时个人应采取防护措施：

（1）呼吸系统保护。佩戴N95或以上级别的口罩，以有效过滤空气中的颗粒物，保护呼吸系统不受风沙侵害。

（2）眼部保护。戴上防风眼镜以防止沙尘进入眼睛。如眼睛不慎进沙，应立即用清水冲洗或使用眼药水。

（3）头部和面部保护。使用帽子和纱巾等防尘用具覆盖头部和面部，减少风沙对皮肤的直接接触。

（4）回家后的清洁。外出归来后应立即清洁皮肤和呼吸道，更换衣物，清洁个人用品。

此外，由于沙尘天气可能导致空气干燥，引起口腔、鼻和咽喉不适，应多饮水并食用富含维生素的食物，以保持呼吸道的湿润和健康。

通过这些措施，可以有效地应对沙尘天气，保护自己的健康和安全。同时，也要对环境保持关注，了解沙尘天气的成因和影响，积极参与环境保护活动，共同为改善空气质量做出贡献。

三、雾霾的概念

雾霾是一个由大量烟尘和其他微粒悬浮在空气中所形成的浑浊现象，常见的核心物质是气溶胶颗粒。这种环境下的空气质量下降，能见度降低，可对人体健康构成严重威胁。

四、雾霾对人体的危害

雾霾是由悬浮在大气中的细小颗粒物如PM2.5（直径小于或等于2.5微米的颗粒

物）、一氧化碳、氮氧化物等组成的污染物混合物。这些颗粒物和气体在城市及工业地区尤为常见，由各种污染源如汽车尾气、工业排放和燃烧过程产生。雾霾对人体的危害极为广泛和严重，具体包括以下影响。

1. 对呼吸系统的影响

雾霾中的细颗粒物能深入肺部最细小的气道，触发或加重哮喘、慢性支气管炎、肺气肿等呼吸系统疾病。这些颗粒物对呼吸道的直接刺激可以引起慢性炎症反应，降低肺功能。

2. 造成心血管疾病

长期暴露在雾霾中的颗粒物可以增加心脏病和中风的风险。研究显示，PM2.5能通过激发体内炎症反应、增加血液黏稠度等机制，对心血管系统造成负担。

3. 造成儿童健康问题

雾霾中的污染物减少了户外的日照量，导致儿童接收到的自然紫外线减少，这对儿童的骨骼健康非常不利，可能导致佝偻病的发生。此外，长期的雾霾暴露还可能影响儿童的身体成长和发展。

4. 对心理健康的影响

雾霾的持续存在使得天空灰蒙蒙一片，缺乏阳光的日子会使人们感到沉闷和压抑。这种持续的环境压力可以增加抑郁症状，尤其是对于本就易感的人群。

五、如何应对雾霾

关注气象环境部门发布的空气质量预报，以便了解近期的大气污染状况并据此安排日常活动。

（一）居家：关门窗净空气

在雾霾天气，应关闭门窗以阻止污染物进入室内。使用空气净化器可以进一步帮助过滤和清除室内空气中的有害颗粒。等到空气质量改善后，再开窗通风，以确保室内空气新鲜。

（二）出行：戴口罩少出门

建议在雾霾天气尽量减少外出。如果必须外出，应戴上能有效过滤PM2.5等颗粒物的医用口罩，保护呼吸系统。回家后，立即洗净面部和其他暴露的皮肤，以清除附着的污染物。

（三）饮食：宜清淡多吃蔬菜

推荐在雾霾天食用更多清淡、富含维生素的食物，如新鲜蔬菜和水果。这些食品有助于滋阴润肺、除燥。避免食用过于油腻或刺激性的食物，可选择食用梨、橙子、百合、黑木耳等有益呼吸系统的食品。

（四）起居：勤喝水莫熬夜

保持充足的水分摄入，有助于增强呼吸道的防御机能，减少污染物对呼吸道的刺激。同时，避免熬夜，减少压力，以维持身体的免疫力和抵抗力。

（五）护眼：眼干涩滴"泪液"

在雾霾天气，眼部容易感到干涩和不适。建议使用人工泪液等保湿滴眼液以缓解眼部不适，必要时可使用消炎眼药水，如氧氟沙星等。

（六）疾病：易引发心血管疾病

心血管疾病患者应特别注意雾霾天气的影响。在这种天气下，低气压和减少的氧气供应可能加剧心血管问题。避免在雾霾天外出尤其是晨练，以减少对心脏的额外负担。

延伸阅读

沙尘暴与雾霾的区别

沙尘暴与雾霾的频发事件显著提高了大气中悬浮微粒和可吸入颗粒的浓度，进一步恶化了空气质量，并对人体健康带来了严重影响。这些微粒通过呼吸被人体吸入，能够深入到呼吸系统和肺部，对肺组织造成损害。持续接触这种污染环境，人们可能会患上多种急性和慢性的呼吸疾病，极端情况下可能危及生命。

1.沙尘暴

沙尘暴是内陆干旱和半干旱地区较为常见的一种灾害性的水平能见度低于1千米的天气现象，主要原因在于冬春季节降雨量较少，植被覆盖率较少，地表过于干燥，地面抗风性能力不断下降，一旦大风刮过，会卷起地表大量沙尘物质，一般沙尘颗粒复杂，直径范围较广。

2.雾霾

雾霾天气是指相对湿度小于90%，能见度小于10千米，主要由工厂排放、机动车尾气和工地扬尘等造成的大气污染状况。雾霾的主要组成是PM2.5，就是直径小于或等于 2.5 微米的微小颗粒物。

模块实践

活动与训练

中职学校开展自然灾害应对方法的实训活动，是提高学生防灾减灾意识、自救互救能力和应对突发事件能力的重要举措。

一、明确实训目标

实训活动的首要任务是明确目标，即通过实训使学生了解常见自然灾害的基本知识，掌握应对自然灾害的基本技能和自救互救方法，提高学生的安全意识和自我保护能力。

二、制定实训方案

（一）内容设计

根据当地常见的自然灾害类型（如地震、洪水、台风、沙尘暴等），设计相应的实训内容。内容应包括理论讲解、案例分析、模拟演练和实操训练等环节。

（二）时间安排

合理规划实训时间，确保每个实训环节都有充足的时间进行。可以将实训活动安排在学期中的特定时间段，或者结合"防灾减灾日"等特殊日子开展。

（三）场地与设备

根据实训内容，选择合适的场地和设备。例如，地震逃生演练可以在教学楼内进行，而洪水逃生演练则可能需要模拟水域环境。同时，确保实训设备的安全性和可靠性。

三、实施实训活动

（一）案例分析

结合历史上的自然灾害案例进行分析，让学生了解灾害发生的原因、过程和后果，以及应对灾害的成功经验和教训。

（二）模拟演练

通过模拟自然灾害场景，让学生在接近真实的环境中进行演练。例如，模拟地震发生时的紧急避险和疏散演练，模拟洪水来袭时的自救互救演练等。

四、总结与反馈

实训活动结束后，组织学生进行总结讨论，分享实训经验和感受。教师可以对实训活动进行总结点评，指出学生在实训过程中存在的问题和不足，并提出改进建议。

探索与思考

（1）雷电为什么会进入家中？

（2）遇到雷电天气，我们应该怎么办？

（3）在野外遭遇暴雨灾害，我们应该怎么办？

（4）暴雨造成的危害有哪些？

（5）地震来临时，我们应该怎么做？

（6）城市发生内涝，我们应该如何自救？

参考文献

［1］侯再刚，马强，刘富强．中职生安全教育［M］．北京：中国人民大学出版社，2023．

［2］王思迪，王耀远，鞠秀晶．大学生安全教育［M］．北京：中国民主法制出版社，2022．

［3］闫黎栋，雷晓华，刘玉静，等．中职生安全教育［M］．北京：中国人民大学出版社，2024．

［4］张树启．移动互联网时代大学生网络安全教育的策略研究［J］．学校党建与思想教育，2022（24）：63-65．

［5］马超，孙先剑，侯明新．中职生安全教育［M］．北京：北京理工大学出版社，2022．

［6］刘佳．将网络信息安全教育融入中职学校计算机网络教学中的策略［J］．办公自动化，2021，26（20）：45-46．

［7］李英霞，李玉侠．新时代大学生安全教育教程［M］．2版．北京：中国人民大学出版社，2023．

［8］邹泓，侯志瑾．心理健康与职业生涯［M］．北京：高等教育出版社，2023．

［9］迟恩宇，苏东梅，王东．网络安全与防护［M］．3版．北京：高等教育出版社，2022．

［10］陈宇．就业与创业指导［M］．2版．北京：高等教育出版社，2023．

［11］魏子钫，蒋赛飞，岳芩．中职生安全与心理健康教育（活页）［M］．西安：西安交通大学出版社，2022．

［12］中国保健协会科普教育分会．中小学生健康饮食［M］．北京：中国医药科技出版社，2021．

［13］易新友，罗志，梁庆波．职业院校安全教育指南［M］．北京：中国劳动社会保障出版社，2023．

［14］黄静梅．择业、就业与创业［M］．北京：北京师范大学出版社，2021．

［15］贾锁换．中职学校安全管理工作存在的问题及对策探究［J］．现代职业教育，2022（13）：124-126．

［16］魏海茹．我国沙尘暴天气成因的分析与研究［J］．环境与发展，2020（12）：170-171．

［17］蔡庆．浅谈中职体育教育中法制教育的渗透［J］．文存阅刊，2021（28）：68-69．

［18］和田梅．中职体育教学中进行德育渗透的可行性研究［J］．运动-休闲（大众体育），2022（12）：79-81．

［19］高原原．生命安全教育在体育教学中的渗透与实践［J］．江西电力职业技术学院学报，2021，34（11）：122-124．

［20］蒋国伟．浅谈初中体育教学中渗透心理健康教育的方法［J］．世纪之星（初中版），2022（7）：106-108．

［21］王燕茹．总体国家安全观视域下高校意识形态安全建设探析［J］．学校党建与思想教育，2023（14）：32-35．

［22］陆小琼，赵春玲．中职班主任如何开展心理安全教育［J］．安全生产与监督，2023（11）：44-46．

［23］丁钰．初中心理健康教育中的挫折教育［J］．教书育人（教师新概念），2024（3）：40-42．